华章IT
HZBOOKS | Information Technology

Angular From Zero to One

Angular
从零到一

王芃 编著

图书在版编目（CIP）数据

Angular 从零到一 / 王芃编著 . —北京：机械工业出版社，2017.3
（实战）

ISBN 978-7-111-56283-2

I. A… II. 王… III. 超文本标记语言 – 程序设计 IV. TP312.8

中国版本图书馆 CIP 数据核字（2017）第 042166 号

Angular 从零到一

出版发行：机械工业出版社（北京市西城区百万庄大街 22 号	邮政编码：100037）
责任编辑：吴　怡	责任校对：李秋荣
印　　刷：三河市宏图印务有限公司	版　　次：2017 年 3 月第 1 版第 1 次印刷
开　　本：186mm×240mm　1/16	印　　张：16.75
书　　号：ISBN 978-7-111-56283-2	定　　价：69.00 元

凡购本书，如有缺页、倒页、脱页，由本社发行部调换
客服热线：（010）88379426　88361066　　　　投稿热线：（010）88379604
购书热线：（010）68326294　88379649　68995259　读者信箱：hzit@hzbook.com

版权所有・侵权必究
封底无防伪标均为盗版
本书法律顾问：北京大成律师事务所　韩光 / 邹晓东

Preface 前言

一个大叔码农的 Angular 2 创世纪

作为一个出生于 20 世纪 70 年代的大叔,我在软件这个领域已经摸爬滚打了 16 年,从程序员、项目经理、产品经理、项目总监,到部门管理等各个角色都体验过,深深地了解到这个行业发展的速度之快是其他行业无法比拟的:从编程语言、各种平台、各种框架、设计模式到各类开源工具、组件林林总总,要学习的东西实在太多,因为变化太快。

但万变不离其宗,名词变化虽多,透射的本质其实是趋同的:那就是程序员受不了代码的折磨,千方百计地想让这个工作更简单,更能应对变化。比如说,面向对象编程(Object-Oriented Programming)理念的提出其实是牺牲了部分性能换来代码层次结构的清晰,因此也催生了 C++、Java、C# 等一系列优秀的面向对象编程语言;后来程序员们发现在实际的编程逻辑中,往往不是像对象树那样可以划分得那么清楚。还有一些类似安全、日志等功能其实是撒在系统各个角落的,于是,面向切面的编程(Aspect-Oriented Programming)应运而生。再后来一部分科学家发现现有的编程语言做分析或数据计算实在太麻烦,明明要计算的逻辑很清晰,却要用一大堆的对象封装赋值,函数式编程(Functional Programming)便出现了。最近几年被产品经理逼疯的程序员认为强类型语言改动起来太慢太繁琐,于是动态脚本类语言大行其道。

仔细分析一下,这些语言不是互斥的,其实好的元素都是会被慢慢吸收到各自的语言、平台上面去的。比如 C#、Java 也采纳了函数式编程的一些特点,像 Lamda 表达式;再比如 .NET 和 Java 平台基础上也拥有动态脚本语言,像 .NET 平台上的 IronRuby,Java 平台上的 Scala 等。本书写的 Angular 2 就是在 JavaScript 这种脚本语言基础上引入了 TypeScript,进而可以兼具面向对象编程和强类型语言的优点;引入了依赖性注入(Dependency

Injection）这种在强类型语言中被证明非常有用的设计模式；通过引入 Rx，让 JavaScript 拥有了函数式编程的能力。

  写这本书的起因很偶然。我们团队以 Android 和 iOS 开发人员为主，前端开发人员只有一个。但在开发过程中我们体会到原生 App 的开发迭代速度比较慢，因此希望以前端开发快速迭代，逻辑和界面摸清楚后再进行 App 开发。我们决定走前端路线后，就开始挑选前端框架，React、Vue 和 Angular 2 我们都尝试了，最终选择 Angular 2 是因为谷歌在 Angular 2 中把多年 Android 开发积累的优秀思想带入了 Angular，使得 Angular 的开发模式太像 App 开发了。有 App 开发经验或者 Java、.NET 开发经验的人可以非常舒服地切入进去。有了选择，我就开始边学习边给开发小伙伴做培训，培训资料也就当成网文发表出来。没想到在网上得到很多网友的支持和鼓励，觉得我边学边写时对一些问题的思考过程和改进过程对大家的学习也很有帮助。而我也在与大家的互动和分享中纠正了对一些概念和模式的认识。互动和分享是最好的学习方式，这也是本书区别于其他"专门教程"的重要一点，我们是一起在学习，一起在思考的。特别感谢简书和掘金等平台的读者，帮我纠正了很多错误认识和笔误等。机械工业出版社的吴怡编辑也正是在网上看到我的文章后，鼓励我结集出书，给我提了很多中肯意见，最终才有此书，非常感谢。

  本书分为 9 章，第 1~7 章中我们从无到有地搭建了一个待办事项应用，但是我们增加了一些需求：多用户和 HTTP 后台。这样待办事项这个应用就变得麻雀虽小五脏俱全。通过这样一个应用的开发，我们熟悉了大部分重要的 Angular 2 概念和实践操作。建议读者按顺序阅读和实践。阅读完第 7 章，基本可以在正式的开发工作中上手了。第 8 章介绍了响应式编程的概念和 Rx 在 Angular 中的应用，可以说，如果不使用 Rx，Angular 2 的威力就折半了，很多原来需要复杂逻辑处理的地方用 Rx 解决起来非常方便。由于 Rx 本身的学习曲线较陡，我们花了很大篇幅做细致的讲解。第 9 章是在第 8 章基础之上，引入了在 React 中非常流行的 Redux 状态管理机制，这种机制的引入可以让代码和逻辑隔离得更好，在团队工作中强烈建议采用这种方案。第 8 章和第 9 章由于学习门槛较高，有的读者可能暂时接受起来有困难，遇到这种情况可以先放下，等到使用 Angular 一段时间后再回头来看。

  大家在阅读过程中可能会发现从第 3 章开始起，我们在不断地打磨待办事项这个应用的逻辑，持续地优化。我写这本书其实不仅是为了让大家入门 Angular（类似的书太多了，不需要我再写一本），更多的是想把自己琢磨这些问题、解决这些问题的过程和逻辑与大家分享，把一些好的设计模式和思想介绍给大家，这些模式和思想远比一个框架更有生命力。

本书适合有面向对象编程基础的、掌握一门现代编程语言的读者阅读。如果有 Java、C#、Objective-C 等强类型语言背景，对于本书中介绍的 Angular 各种元数据修饰符接受程度会很高，对于 TypeScript 的类型等也会一点就透。如果有 JavaScript 背景，理解 TypeScript 语法是无障碍的，但强类型的约束和修饰符等概念需要仔细体会。如果使用过 Spring Framework 或者 Dagger2 等 IoC 框架，那么对依赖性注入的概念就再熟悉不过了。

建议学习的同时或之后可以比较一些其他主流前端框架，比如 React 或 Vue，参照后你会发现很多功能其实异曲同工。在读本书的过程中如果发现有错误，希望你可以在书籍源码的 Github 地址（https://github.com/wpcfan/awesome-tutorials）上提问题，我们一起打造一本一直在生长的书。希望年轻的你和大叔的我一起学习，一起面对这个迅速成长的行业！

王芃

2017 年 2 月 11 日

目 录 Contents

前 言

第 1 章 认识 Angular ················ 1
1.1 Angular 2 简介 ················ 1
1.2 环境配置要求 ················ 2
1.3 第一个小应用 Hello Angular ······ 3
1.4 第一个组件 ················ 6
1.5 一些基础概念 ··············· 8
1.5.1 元数据和装饰器 ··········· 8
1.5.2 模块 ················ 10
1.5.3 组件 ················ 12
1.6 引导过程 ·················· 13
1.7 代码的使用和安装 ············· 14

第 2 章 用 Form 表单做一个登录控件 ··· 15
2.1 对于 login 组件的小改造 ········ 17
2.2 建立一个服务完成业务逻辑 ······ 21
2.3 双向数据绑定 ··············· 26
2.4 表单数据的验证 ·············· 28
2.5 验证结果的样式自定义 ········· 34
2.6 组件样式 ·················· 36

2.7 小练习 ···················· 37

第 3 章 建立一个待办事项应用 ······ 38
3.1 建立 routing 的步骤 ··········· 38
3.1.1 路由插座 ··············· 40
3.1.2 分离路由定义 ············ 41
3.2 让待办事项变得有意义 ········· 43
3.3 建立模拟 Web 服务和异步操作 ··· 47
3.3.1 构建数据模型 ············ 48
3.3.2 实现内存 Web 服务 ········ 49
3.3.3 内存服务器提供的 Restful API ·············· 50
3.3.4 Angular 2 内建的 HTTP 方法 ·· 52
3.3.5 JSONP 和 CORS ··········· 54
3.3.6 页面展现 ··············· 54
3.4 小练习 ···················· 58

第 4 章 进化！将应用模块化 ········ 59
4.1 一个复杂组件的分拆 ·········· 59
4.1.1 输入和输出属性 ··········· 62
4.1.2 CSS 样式的一点小说明 ······ 70
4.1.3 控制视图的封装模式 ······· 72

| 4.2 | 封装成独立模块 · · · · · · · · · · · · · · · 72 |
| 6.7.2 | 内建管道的种类 · · · · · · · · · · · · 143 |

4.2　封装成独立模块 ·············· 72
4.3　更真实的 Web 服务 ············ 76
4.4　完善 Todo 应用 ··············· 78
4.5　填坑，完成漏掉的功能 ········· 82
　　4.5.1　用路由参数传递数据 ······· 82
　　4.5.2　批量修改和批量删除 ······· 86
4.6　小练习 ······················ 90

第 5 章　多用户版本应用 ············ 91
5.1　数据驱动开发 ················ 91
5.2　验证用户账户的流程 ··········· 96
　　5.2.1　核心模块 ················ 97
　　5.2.2　路由守卫 ················ 98
5.3　路由模块化 ················· 105
5.4　路由的惰性加载——异步路由 ·· 106
5.5　子路由 ····················· 108
5.6　用 VSCode 进行调试 ········· 112
5.7　小练习 ····················· 116

第 6 章　使用第三方样式库及
　　　　模块优化 ················ 117
6.1　生产环境初体验 ············· 117
6.2　更新 angular-cli 的方法 ········ 120
6.3　第三方样式库 ··············· 121
6.4　第三方 JavaScript 类库的
　　集成方法 ··················· 125
6.5　模块优化 ··················· 132
6.6　多个不同组件间的通信 ······· 134
6.7　方便的管道 ················· 140
　　6.7.1　自定义一个管道 ········· 142

6.7.2　内建管道的种类 ········· 143
6.8　指令 ······················· 145
6.9　小练习 ····················· 148

第 7 章　给组件带来活力 ············ 149
7.1　更炫的登录页 ··············· 149
　　7.1.1　响应式的 CSS 框架 ······ 149
　　7.1.2　寻找免费的图片源 ······· 153
7.2　自带动画技能的 Angular 2 ····· 157
7.3　Angular 2 动画再体验 ········· 159
　　7.3.1　state 和 transition ········· 159
　　7.3.2　奇妙的 animate 函数 ····· 164
　　7.3.3　关键帧 ················· 166
7.4　完成遗失已久的注册功能 ····· 168
7.5　响应式表单 ················· 173
　　7.5.1　表单控件和表单组 ······· 176
　　7.5.2　表单提交 ··············· 179
　　7.5.3　表单验证 ··············· 179
　　7.5.4　表单构造器 ············· 181
　　7.5.5　Restful API 的实验 ······· 182
7.6　Angular 2 的组件生命周期 ····· 185
7.7　小练习 ····················· 187

第 8 章　Rx——隐藏在 Angular 中
　　　　的利剑 ·················· 188
8.1　Rx 再体验 ·················· 190
8.2　常见操作 ··················· 194
　　8.2.1　合并类操作符 ··········· 195
　　8.2.2　创建类操作符 ··········· 203
　　8.2.3　过滤类操作符 ··········· 208

	8.2.4 Subject ·················· 210
8.3	Angular 2 中的内建支持 ········ 211
	8.3.1 Async 管道 ················ 214
	8.3.2 Rx 版本的 Todo ··········· 216
8.4	小练习 ···························· 223

第 9 章　用 Redux 管理 Angular 应用 ······························· 224

9.1	什么是 Redux ····················· 224
	9.1.1 Store ······················· 225
	9.1.2 Reducer ···················· 225
	9.1.3 Action ······················ 226
9.2	为什么要在 Angular 中使用 ····· 227
9.3	如何使用 Redux ··················· 231
	9.3.1 简单内存版 ················· 231
	9.3.2 时光机器调试器 ············ 239
	9.3.3 带 HTTP 后台服务的版本 ··· 242
	9.3.4 一点小思考 ················· 247
	9.3.5 用户登录和注册的改造 ···· 248
9.4	小练习 ···························· 256
9.5	小结 ······························ 256

第 1 章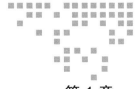

认识 Angular

1.1 Angular 2 简介

Angular 2 是 Google 推出的一个跨平台全终端的 Web 前端框架，使用 Angular 2 可以快速开发出适合手机、平板以及 PC 端的前端网页应用。它让开发人员可以采用组件化的方式来编写应用，像 App 开发一样。借助来自 Ionic、NativeScript 和 React Native 中的技术与思想，我们可以使用 Angular 2 构建原生移动应用。

从性能角度来看，Angular 会把你的模板转换成代码，针对性地进行高度优化，轻松获得框架提供的高生产率，同时又能保留所有手写代码的优点。Angular 应用通过新的组件路由（Router）模块实现快速加载，提供了自动拆分代码的功能，为用户单独加载所请求视图中需要的那部分代码。

官方还提供了命令行工具（也就是本书采用的 Angular-CLI），屏蔽了大量配置细节，使得我们更专注于代码的开发，让开发人员快速进入构建环节、添加组件和测试，然后立即部署。

与目前比较火的 React 和 Vue.js 相比，Angular 有如下优点：
- 由于 Google 的目的是推出一个完整解决方案，所以官方默认提供的类库（比如 routing、HTTP、依赖性注入（DI）等）非常完整，无需自己选择。React 的一大痛点就是选择太多导致在配置寻找组件和类库的过程中消耗太多精力，当然从另一方面看这也是其优势，选择众多且自由。
- 官方支持 TypeScript（微软出品，也是 JavaScript 的超集，也是 JavaScript 的强类型版本）作为首选编程语言，使得开发脚本语言的一些问题可以更早更方便地找到。
- RxJS 友好使得响应式编程在 Augular 2 中变得极为容易（Google 开发的框架依赖这么多微软的产品，可见微软的转型还是很成功的）。
- 支持 NativeScript 甚至 ReactNative 等进行原生 Android/iOS 应用开发（React 支持 React Native）。
- 支持服务器端渲染（React 也支持）。

总体来讲，个人认为 Angular 2 更适合从原生 App 开发或后端 Java/.Net 等转型过来开发前端的程序员，因为它的开发模型更接近于传统强类型语言的模式，加上官方内建的组件和类库比较完整，有官方中文网站 https://angular.cn，学习曲线要低一些。有过 Angular 1.x 开发经验的人要注意了，虽然只有一个版本号的差距，但 2.x 和 1.x 是完全不同的，不要奢望 1.x 的应用会平滑迁移到 2.x 上。

有趣的是，Angular 团队内部在准备下一个版本，目前准备叫做 Angular 4（只是计划哈），看起来太恐怖了，一下跳到 Angular 4，那 Angular 3 怎么办，我还要不要学 Angular 2。其实不用慌张，和前面的 1.x 到 2.x 的差距恰恰相反，这次只是版本号跳跃，框架却不会有太大差距，只是因为内部几个组件需要统一版本号，因此跳过了 Angular 3。所以呢，不要慌张，Angular 2 和 Angular 4 不会有本质的差别。

Angular 支持大多数常用浏览器，参见表 1.1。

表 1.1　Angular 2 的浏览器兼容性

Chrome	Firefox	Edge	IE	Safari	iOS	Android	IE Mobile
45 以上	40 以上	13 以上	9 以上	7 以上	7 以上	4.1 以上	11 以上

1.2　环境配置要求

Angular 2 需要 node.js 和 npm，我们下面的例子需要 node.js 6.x.x 和 npm 3.x.x，请使用 node -v 和 npm -v 来检查，Mac 下建议采用 brew 安装 node。由于众所周知的原因，http://npmjs.org 的站点访问经常不是很顺畅，这里给出一个由淘宝团队维护的国内镜像 http://npm.taobao.org/ 。安装好 node 后，请输入 npm config set registry https://registry.npm.taobao.org 来改变默认的 npm 查找包的站点，加快访问和下载速度。Mac 和 Linux

环境可能需要在我们提到的命令前加 sudo。

和官方快速起步文档给出的例子不同，我们下面要使用 Angular 团队目前正在开发中的一个工具 Angular CLI。这是一个类似于 React CLI 和 Ember CLI 的命令行工具，用于快速构建 Angular 2 的应用。它的优点是进一步屏蔽了很多配置的步骤，自动按官方推荐的模式进行代码组织，自动生成组件 / 服务等模板以及更方便地发布和测试代码。由于目前这个工具还在 beta 阶段，安装时请使用 npm install -g angular-cli@latest 命令。

IDE 的选择也比较多，免费的有 Visual Studio Code 和 Atom，收费的有 WebStorm。我们这里推荐采用 Visual Studio Code，可以到 https://code.visualstudio.com/ 下载 Windows/Linux/MacOS 版本。需要注意这个可不是 Visual Studio，不是那个庞大的 IDE，别下载错了。

安装完以上这些工具，开发环境就部署好了，下面我们将开始 Angular 2 的探险之旅。

1.3　第一个小应用 Hello Angular

那么现在开启一个 terminal（命令行窗口），键入 ng new hello-angular，你会看到以下的命令行输出。

```
wangpengdeMacBook-Pro:~ wangpeng$ ng new hello-angular
installing ng2
  create .editorconfig
  create README.md
  create src/app/app.component.css
  create src/app/app.component.html
  create src/app/app.component.spec.ts
  create src/app/app.component.ts
  create src/app/app.module.ts
  create src/app/index.ts
  create src/assets/.gitkeep
  create src/environments/environment.prod.ts
  create src/environments/environment.ts
  create src/favicon.ico
  create src/index.html
  create src/main.ts
  create src/polyfills.ts
  create src/styles.css
  create src/test.ts
```

```
    create src/tsconfig.json
    create src/typings.d.ts
    create angular-cli.json
    create e2e/app.e2e-spec.ts
    create e2e/app.po.ts
    create e2e/tsconfig.json
    create .gitignore
    create karma.conf.js
    create package.json
    create protractor.conf.js
    create tslint.json
Successfully initialized git.
Installing packages for tooling via npm.
```

这个安装过程需要一段时间，请一定等待安装完毕，命令行重新出现光标提示时才算安装完毕。

这个命令为我们新建了一个名为"hello-angular"的项目。进入该项目目录，键入 code 可以打开 IDE 看到如图 1.1 所示的界面。

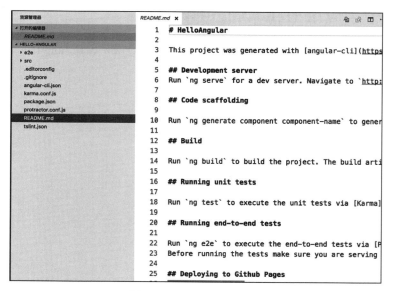

图 1.1 VSCode 管理项目

使用 Mac 的用户可能发现找不到我们刚才使用的命令行 code，需要通过 IDE 安装一下。点击 F1，输入 install，即可看到"在 Path 中安装 code 命令"，选择之后就可以了，如图 1.2 所示。

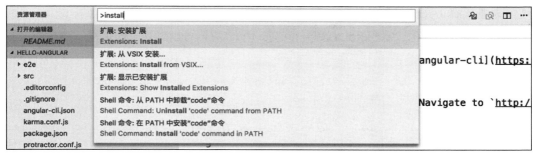

图 1.2　Mac 用户需要安装命令行

项目的文件结构如下，日常开发中真正需要关注的只有 src 目录：

```
├── README.md              -- 项目说明文件（Markdown 格式）
├── angular-cli.json       -- Angular-CLI 配置文件
├── e2e                    -- 端到端（e2e）测试代码目录
│   ├── app.e2e-spec.ts
│   ├── app.po.ts
│   └── tsconfig.json
├── karma.conf.js          -- Karma 单元测试（Unit Testing）配置文件
├── package.json           -- node 打包文件
├── protractor.conf.js     -- 端到端（e2e）测试配置文件
├── src                    -- 源码目录
│   ├── app                -- 应用根目录
│   │   ├── app.component.css       -- 根组件样式
│   │   ├── app.component.html      -- 根组件模板
│   │   ├── app.component.spec.ts   -- 根组件单元测试
│   │   ├── app.component.ts        -- 根组件 ts 文件
│   │   ├── app.module.ts           -- 根模块
│   │   └── index.ts                --app 索引（集中暴露需要给外部使用的对象，方便外部引用）
│   ├── assets             -- 公共资源目录（图像、文本、视频等）
│   ├── environments       -- 环境配置文件目录
│   │   ├── environment.prod.ts     -- 生产环境配置文件
│   │   └── environment.ts          -- 开发环境配置文件
│   ├── favicon.ico        -- 站点收藏图标
│   ├── index.html         -- 入口页面
│   ├── main.ts            -- 入口 ts 文件
│   ├── polyfills.ts       -- 针对浏览器能力增强的引用文件（一般用于兼容不支持某些新特性的浏览器）
│   ├── styles.css         -- 全局样式文件
│   ├── test.ts            -- 测试入口文件
│   ├── tsconfig.json      -- TypeScript 配置文件
│   └── typings.d.ts       -- 项目中使用的类型定义文件
└── tslint.json            -- 代码 Lint 静态检查文件
```

大概了解了文件目录结构后，我们重新回到命令行，在应用根目录键入 ng serve 可以看到应用编译打包后 server 运行在 4200 端口。你应该可以看到下面这样的输出：

```
wangpengdeMacBook-Pro:hello-angular wangpeng$ ng serve
** NG Live Development Server is running on http://localhost:4200. **
Hash: 0c80f9e8c32908aad0be
Time: 8497ms
chunk    {0} styles.bundle.js, styles.bundle.map (styles) 184 kB {3} [initial] [rendered]
chunk    {1} main.bundle.js, main.bundle.map (main) 5.33 kB {2} [initial] [rendered]
chunk    {2} vendor.bundle.js, vendor.bundle.map (vendor) 2.22 MB [initial] [rendered]
chunk    {3} inline.bundle.js, inline.bundle.map (inline) 0 bytes [entry] [rendered]
webpack: bundle is now VALID.
```

打开浏览器输入 http://localhost:4200 即可看到程序运行成功啦！如图 1.3 所示。

图 1.3　第一次运行应用

自动生成的太没有成就感了是不是，那么我们动手改一下吧。保持运行服务的命令窗口，然后进入 VSCode，打开 src/app/app.component.ts 修改 title，比如：title = 'This is a hello-angular app';，保存后返回浏览器看一下吧，结果已经更新了，如图 1.4 所示。这种热装载的特性使得开发变得很方便。

图 1.4　第一次小修改

1.4　第一个组件

现在，为我们的 App 增加一个 Component 吧，在命令行窗口输入 ng generate component login --inline-template --inline-style。顾名思义，参数 generate 是用来生成文件的，参数 component 是说明我们要生成一个组件，login 是我们的组件名称，你可以自己想个其他有意思的名字。后面的两个参数是告诉 angular-cli：生成组件时，请把组件的 HTML 模板和 CSS 样式和组件放在同一个文件中（其实分开文件更清晰，但第一个例子我们还是采用 inline 方式了）：

```
wangpengdeMacBook-Pro:blog wangpeng$ ng generate component login --inline-template --inline-style
installing component
  create src/app/login/login.component.spec.ts
  create src/app/login/login.component.ts
wangpengdeMacBook-Pro:blog wangpeng$
```

是不是感觉这个命令行太长了？幸运的是 Angular 团队也这么想，所以你可以把上面的命令改写成 ng g c login -it -is ，也就是说可以用 generate 的首字母 g 来代替 generate，用 component 的首字母 c 来代替 component，类似的 --inline-template 的两个词分别取首字母变成 -it。

angular-cli 为我们在 login 目录下生成了两个文件，其中 login.component.spec.ts 是测试文件，我们这里暂时不提。另一个 login.component.ts 就是我们新建的 Component 了。

Angular 提倡的文件命名方式是这样的：组件名称 .component.ts ，组件的 HTML 模板命名为：组件名称 .component.html，组件的样式文件命名为：组件名称 .component.css。建议读者在编码中尽量遵循 Google 的官方建议。

我们新生成的 Login 组件源码如下：

```
import { Component, OnInit } from '@angular/core';

//@Component 是 Angular 提供的装饰器函数，用来描述 Compoent 的元数据
// 其中 selector 是指这个组件的在 HTML 模板中的标签是什么
//template 是嵌入 (inline) 的 HTML 模板，如果使用单独文件可用 templateUrl
//styles 是嵌入 (inline) 的 CSS 样式，如果使用单独文件可用 styleUrls
@Component({
  selector: 'app-login',
  template: '
    <p>
      login Works!
    </p>
  ',
  styles: []
})
export class LoginComponent implements OnInit {
  constructor() { }
```

```
  ngOnInit() {
  }
}
```

这个组件建成后我们怎么使用呢？注意上面的代码中 @Component 修饰配置中的 selector：'app-login'，这意味着我们可以在其他组件的 template 中使用 <app-login></app-login> 来引用我们的这个组件。

现在我们打开 src/app/app.component.html 加入我们的组件引用：

```
<h1>
  {{title}}
</h1>
<app-login></app-login>
```

保存后返回浏览器，可以看到我们的第一个组件也显示出来了，如图 1.5 所示。

图 1.5　第一个组件的显示

1.5　一些基础概念

有了前面的例子，就可以粗略介绍一些 Angular 的基础概念了，这些基础概念在后面的章节中会更详细地讲解。

1.5.1　元数据和装饰器

Angular 中大量地使用了元数据。元数据是什么呢？**元数据**的定义是这样的：元数据是用来描述数据的数据。

天啊，这什么意思啊？没关系，我们来看一个例子，大家都在电脑上有文件浏览器，随便选择一个文件，我们可以右键选择这个文件的属性看一下，如图 1.6 所示。

我们看到文件本身其实就是一个二进制格式的数据，而在文件的属性中我们又发现了对此数据的描述，包括：文件的种类、文件的大小、文件的位置、创建时间、修改时间等通用信息，也发现了如打开方式的描述、权限的描述等信息。这就是文件的元数据。

图 1.6　文件的元数据描述

那么在编程语言的世界中，如何表示这种元数据呢？每种编程语言都有自己的选择，但 Angular 2 的元数据表示方法和 Java、Python 等编程语言中的元数据表示法很类似。那就是以 @ 这个符号定义一个对象表示后面的数据是一个元数据，这个元数据一般修饰紧挨着它的那个对象或变量。

比如我们之前改过一段代码，@Component(…) 中描述的就是 LoginComponent 的元数据，这段元数据告诉我们 LoginComponent 的一些属性，比如它对外部的选择器名称（也就是标签）应该叫做 app-login，它的模板是什么样子，样式是什么样子，等等。我们一般管 @Component 叫做组件的**装饰器**，它的作用就是表示清楚元数据，代码如下所示：

```
@Component({
  selector: 'app-login',
  template: '
    <p>
      login Works!
```

```
    </p>
  ',
  styles: []
})
export class LoginComponent implements OnInit {

  constructor() { }

  ngOnInit() {
  }

}
```

1.5.2 模块

简单来说，**模块**就是提供相对独立功能的功能块，每块聚焦于一个特定业务领域。Angular 内建的很多库是以模块形式提供的，比如 FormsModule 封装了表单处理，HttpModule 封装了 HTTP 的处理，等等。

Angular 模块是带有 @NgModule 装饰器函数的类。@NgModule 接收一个元数据对象，该对象告诉 Angular 如何编译和运行模块代码。它指出模块拥有的组件、指令和管道，并把它们的一部分公开出去，以便外部组件使用它们。它可以向应用的依赖注入器中添加服务提供商。（依赖性注入和服务的概念我们在稍后的章节中讲解，此处暂时略过。）

NgModule 是一个装饰器函数，它接收一个用来描述模块属性的元数据对象。其中最重要的属性是：

- declarations：声明本模块中拥有的视图类。Angular 有三种视图类：组件、指令和管道。
- exports：declarations 的子集，可用于其他模块的组件模板。
- imports：本模块声明的组件模板需要的类所在的其他模块。
- providers：服务的创建者，并加入到全局服务列表中，可用于应用任何部分。
- bootstrap：指定应用的主视图（称为根组件），它是所有其他视图的宿主。只有根模块才能设置 bootstrap 属性。

每个 Angular 应用至少有一个模块类——习惯上叫它"根模块"，我们将通过引导根模块来启动应用。根模块在一些小型应用中可能是唯一，但大多数应用会有很多特性模块，每个模块都是一个内聚的代码块专注于某个应用领域、工作流或紧密相关的功能。按照约定，根模块的类名叫做 AppModule，放在 app.module.ts 文件中。我们这个例子中的根模块位于 hello-angular\src\app\app.module.ts，代码如下：

```
import { BrowserModule } from '@angular/platform-browser';
import { NgModule } from '@angular/core';
import { FormsModule } from '@angular/forms';
import { HttpModule } from '@angular/http';

import { AppComponent } from './app.component';
import { LoginComponent } from './login/login.component';

@NgModule({
  declarations: [
    AppComponent,
    LoginComponent
  ],
  imports: [
    BrowserModule,
    FormsModule,
    HttpModule
  ],
  providers: [],
  bootstrap: [AppComponent]
})
export class AppModule { }
```

@NgModule 装饰器用来为模块定义元数据。declarations 列出了应用中的顶层组件，包括引导性组件 AppComponent 和我们刚刚创建的 LoginComponent。在 module 里面声明的组件在 module 范围内都可以直接使用，也就是说在同一 module 里面的任何 Component 都可以在其模板文件中直接使用声明的组件，就像我们在 AppComponent 的模板末尾加上 \<app-login\>\</app-login\> 一样。

imports 引入了三个辅助模块：

- BrowserModule 提供了运行在浏览器中的应用所需要的关键服务（Service）和指令（Directive），这个模块对于所有需要在浏览器中跑的应用来说都必须引用。
- FormsModule 提供了表单处理和双向绑定等服务和指令。
- HttpModule 提供 HTTP 请求和响应的服务。

providers 列出会在此模块中"注入"的服务（Service），关于依赖性注入会在后面章节中详细解释。

bootstrap 指明哪个组件为引导性组件（本案例中的 AppComponent）。当 Angular 引导应用时，它会在 DOM 中渲染这个引导性组件，并把结果放进 index.html 的该组件的元素标签中（本案例中的 app-root）。

```
<!doctype html>
<html>
<head>
  <meta charset="utf-8">
  <title>HelloAngular</title>
  <base href="/">

  <meta name="viewport" content="width=device-width, initial-scale=1">
  <link rel="icon" type="image/x-icon" href="favicon.ico">
</head>
<body>
  <app-root>Loading...</app-root>
</body>
</html>
```

1.5.3 组件

组件负责控制屏幕上的一小块区域（称为"视图"，也就是我们的组件模板显示在屏幕上的那块区域）。我们在类中定义组件的应用逻辑，为视图提供支持。组件通过一些由属性和方法组成的 API 与视图交互。

以我们刚才介绍的组件代码为例，如果我们在 LoginComponent 中定义一个变量 text，在模板中引用这个变量，那么屏幕上组件对应的显示就会变成 Hello LoginComponent，这就是一个组件的类是如何与视图进行简单交互的过程：

```
import { Component, OnInit } from '@angular/core';

//@Component 是 Angular 提供的装饰器函数，用来描述 Compoent 的元数据
// 其中 selector 是指这个组件的在 HTML 模板中的标签是什么
//template 是嵌入 (inline) 的 HTML 模板，如果使用单独文件可用 templateUrl
//styles 是嵌入 (inline) 的 CSS 样式，如果使用单独文件可用 styleUrls
@Component({
  selector: 'app-login',
  template: '
    <p>
      {{text}}
```

```
    </p>
  ',
  styles: []
})
export class LoginComponent implements OnInit {
  text = 'Hello LoginComponent'
  constructor() { }

  ngOnInit() {
  }

}
```

1.6　引导过程

Angular 2 通过在 main.ts 中引导 AppModule 来启动应用。针对不同的平台，Angular 提供了很多引导选项。下面的代码是通过即时（JiT）编译器动态引导，一般在进行开发调试时，默认采用这种方式：

```
//main.ts
import './polyfills.ts';

// 连同 Angular 编译器一起发布到浏览器
import { platformBrowserDynamic } from '@angular/platform-browser-dynamic';
import { enableProdMode } from '@angular/core';
import { environment } from './environments/environment';
import { AppModule } from './app/';

if (environment.production) {
  enableProdMode();
}
//Angular 编译器在浏览器中编译并引导该应用
platformBrowserDynamic().bootstrapModule(AppModule);
```

另一种方式是使用预编译器（Ahead-Of-Time，AoT）进行静态引导，静态方案可以生成更小、启动更快的应用，建议优先使用它，特别是在移动设备里或高延迟网络下。使用 static 选项，Angular 编译器作为构建流程的一部分提前运行，生成一组类工厂。它们的核心就是 AppModuleNgFactory。引导预编译的 AppModuleNgFactory 的语法和动态引导 AppModule 类的方式很相似：

```typescript
// 不把编译器发布到浏览器
import { platformBrowser } from '@angular/platform-browser';

// 静态编译器会生成一个 AppModule 的工厂 AppModuleNgFactory
import { AppModuleNgFactory } from './app.module.ngfactory';

// 引导 AppModuleNgFactory
platformBrowser().bootstrapModuleFactory(AppModuleNgFactory);
```

看起来很头大是不是？好在我们在 Angular-CLI 中很少需要直接操作这些，后面会讲道，Angular-CLI 专门为我们发布到生产环境提供了专门的命令，可以自动化地完成这些配置。这种便利性也是我们为什么推荐在 Angular 开发中使用 Angular-CLI，它可以让你更多地去思考业务逻辑，而不是各种复杂的环境配置。

1.7 代码的使用和安装

> 本章代码：https://github.com/wpcfan/awesome-tutorials/tree/chap01/angular2/ng2-tut

如果你之前没有使用过 Git 的话，我在这里简单说一下怎么查看代码。所有代码都是存放在 GitHub 上的，如果你访问上面的链接，可以在线看代码。但是如果想下载到本地使用，需要机器上安装 Git。

不同操作系统的使用方法如下：

- Windows：可以去 https://tortoisegit.org 下载 TtortoiseGit。
- Linux：Ubuntu 应该默认就有，没有的话请使用 sudo apt-get install git 和 sudo apt-get install git-core。
- Mac OSX：请先安装 brew，然后使用 brew install git。

安装好之后，打开命令行工具使用 git clone https://github.com/wpcfan/awesome-tutorials 下载。然后键入 git checkout chap01 切换到本章代码。

下一章我们再继续，记住，大叔能学会的你也能。

第 2 章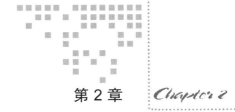

用 Form 表单做一个登录控件

从这一章起我们会打造一个待办事项列表的应用（Todo），这个 Todo 应用让人们可以输入新的待办事项，事项完成后，可以标记其为完成，也可以全部反转目前列表中事项的完成状态，以及清除所有已完成的事项。列表中还会有一个筛选器，用户可以通过筛选器筛选出所有活动的事项以及已完成的事项。这个应用在各个前端框架的比较中经常用到，因为它麻雀虽小五脏俱全。

当然我们会再给这个应用加点料，首先这个应用应该有 Web API 后台，而不仅仅是一个内存版本。再有，我们要打造一个支持多用户的待办事项列表，也就是说有用户的注册和登录，每个用户用自己的用户名和密码登录后都可以看到自己的待办事项列表。这样的话它的逻辑相对完整了，增删改查都有，HTTP 请求、返回俱全。在一个平台折腾明白这个 App 就基本可以上手干活了，这货简直就是新时代的 Hello World 啊。

第 2 章我们会通过制作一个登录组件了解引用、双向数据绑定、依赖性注入以及表单的验证。

第 3 章我们开始在登录之外又建立了 Todo 组件，因为有多个组件，所以我们也会学习路由的概念。并且在这一章我们会建立一个虚拟 Web 服务，使得我们从一开始设计时就是按照 HTTP 的异步性质进行设计的。

第 4 章我们分拆了 Todo 组件，让每一个子组件负责的部分更加清楚。但分拆后就会出现组件间通信的问题，我们会一起学习父子组件的通信方式。随着功能变复杂，我们会想把相对独立的功能分离出来，这就需要我们为 Todo 单独构建一个模块。这一章我们会把欠缺的功能都完善掉，也就是说就单机版的 Todo 来说，功能已经比较完善了。

第 5 章我们会从实际操作的角度一起来思考和构建多用户版本的待办事项应该如何搭建。这一章我们会比较细致地讨论多种类型的路由。

第 6 章我们引入了第三方样式库，这也是前端工作中经常碰到的。我们一起用第三方样式库改造我们的应用。这一章我们还会一起按谷歌官方的最佳实践优化模块，并且会学习如何引入第三方 Javascript 类库以及如何发布到生产环境。当然我们还会接触到两个重要概念：管道和指令。

第 7 章，我们补全了注册功能，还利用 Angular 2 提供的动画功能添加了一些炫酷的动画效果。

第 8 章我们会介绍一个 Angular 的杀手锏 Rx，Rx 需要的学习曲线较陡，所以这一章我们举了很多小例子来帮你理解。并且我们也会一起把 Todo 改造成流式应用。

第 9 章我们更进一步，将业界最流行的状态管理模式 Redux 引入进来，Redux 会以中心化的存储方式，让我们摆脱那些散在程序各个角落的难以维护的状态。

这一章我们会通过制作一个登录组件来了解引用、双向数据绑定、依赖性注入以及表单的验证。

引用是 Angular 2 提供的一种可以在模板内引用 DOM 元素或者指令的变量，我们经常会发现在实际工作中，我们需要在类似于普通 JavaScript 开发中需要的那样去引用一些 DOM 元素做一些小处理，这个引用的机制可以使我们很方便地达成这个目的。

双向数据绑定一向都是 Angular 引以为豪的优点，可以减轻很多编码的工作量，Angular 2 底层通过 Rx 来实现这种双向绑定，使得双向绑定和 Angular 1.x 同样简单但性能更好。

依赖性注入（Dependency Injection）这个概念是 Google 一向在 Android 开发领域极力提倡的，这种机制可以让应用的组件、服务等松耦合，使得应用模块化，可维护性更佳。依赖注入是将所依赖的传递给将使用的从属对象（即客户端），而不是从客户端声明和构造，这种模式通常也叫控制反转（IoC – Inverse of Control）。

表单验证一直是客户端和前端开发中最常见的功能需求，Angular 2 作为通用的开发平台，当然提供了极为强大的内建表单验证功能。这一章我们也会进行一个初体验。

2.1 对于 login 组件的小改造

在 hello-angular\src\app\login\login.component.ts 中更改其模板为下面的样子：

```
import { Component, OnInit } from '@angular/core';

@Component({
  selector: 'app-login',
  template: '
    <div>
      <input type="text">
      <button>Login</button>
    </div>
  ',
  styles: []
})
export class LoginComponent implements OnInit {

  constructor() { }

  ngOnInit() {
  }

}
```

我们增加了一个文本输入框和一个按钮，保存后返回浏览器可以看到结果，如图 2.1 所示。你会发现一个有趣的特性，我们大多数情况下不需要重启服务，结果就会自动刷新了。这个特性极大地提升了我们的开发生产效率，当然如果我们做了较大改动，我还是建议大家重启服务的。

图 2.1　为组件增加了一个输入框和按钮

接下来我们尝试给 Login 按钮添加一个处理方法 <button (click)="onClick()">Login</button>。(click) 表示我们要处理这个 button 的 click 事件，圆括号是说发生此事件时，调用等号后面的表达式或函数。等号后面的 onClick() 是我们自己定义在 LoginComponent 中的函数，这个名称你可以随便定成什么，不一定叫 onClick()。

下面我们就来定义这个函数，在 LoginComponent 中写一个叫 onClick() 的方法，内容很简单，就是把 "button was clicked" 输出到 Console。

```
onClick() {
  console.log('button was clicked');
}
```

返回浏览器，并按 F12 调出开发者工具。当你点击 Login 时，会发现 Console 窗口输出了我们期待的文字。如图 2.2 所示，右边的部分就是 Chrome 开发者工具了。

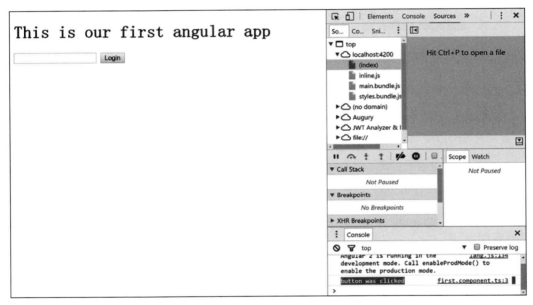

图 2.2　Chrome 开发者工具

如果你感觉左右的布局不舒服，可以点击右上角的三个竖着排列的点的那个按钮，如图 2.3 所示，可以选择单独窗口，窗口底部和窗口右方等。

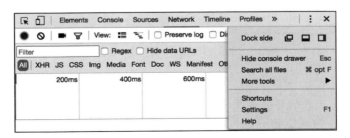

图 2.3　Chrome 开发者工具的布局方式

那么如果要在 onClick 中传递一个参数，比如是上面的文本输入框输入的值，怎么处理呢？我们可以在文本输入框标签内加一个 #usernameRef，这个叫引用（reference）。注意这里引用的是 input 对象，我们如果想传递 input 的值，可以用 usernameRef.value，然后就可以把 onClick() 方法改成 onClick(usernameRef.value)：

```
<div>
  <input #usernameRef type="text">
  <button (click)="onClick(usernameRef.value)">Login</button>
</div>
```

在 Component 内部的 onClick 方法也要随之改写成一个接受 username 的方法

```
onClick(username) {
  console.log(username);
}
```

现在我们再看看结果是什么样子，在文本输入框中键入"hello"，点击 Login 按钮，观察 Console 窗口：hello 被输出了，如图 2.4 所示。

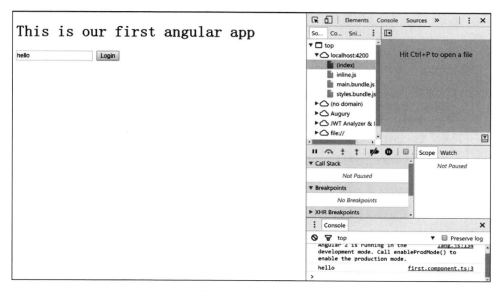

图 2.4　Console 窗口

好了，现在我们再加一个密码输入框，然后改写 onClick 方法使其可以同时接收 2 个参数：用户名和密码。代码如下：

```
import { Component, OnInit } from '@angular/core';
```

```
@Component({
  selector: 'app-login',
  template: '
    <div>
      <input #usernameRef type="text">
      <input #passwordRef type="password">
      <button (click)="onClick(usernameRef.value, passwordRef.value)">Login</button>
    </div>
  ',
  styles: []
})
export class LoginComponent implements OnInit {

  constructor() { }

  ngOnInit() {
  }

  onClick(username, password) {
    console.log('username:' + username + "\n\r" + "password:" + password);
  }

}
```

看看结果吧，在浏览器中第一个输入框里输入"wang"，第二个输入框里输入"1234567"，观察 Console 窗口，如图 2.5 所示，Bingo！

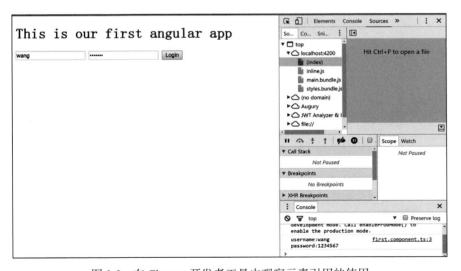

图 2.5　在 Chrome 开发者工具中观察元素引用的使用

2.2 建立一个服务完成业务逻辑

如果我们把登录的业务逻辑在 onClick 方法中完成,这样当然也可以,但是这样做的耦合性太强了。设想一下,如果我们增加了微信登录、微博登录等,业务逻辑会越来越复杂,显然我们需要把这个业务逻辑分离出去。

那么我们接下来创建一个 AuthService 吧,首先我们要在在 src 中新建一个叫做 core 的文件夹(src\app\core),然后命令行中输入 ng g s core\auth(s 这里是 service 的缩写,core)。auth.service.ts 和 auth.service.spec.ts 这两个文件应该已经出现在你的目录里了。

下面我们为这个 service 添加一个方法,你可能注意到这里我们为这个方法指定了返回类型和参数类型。这就是 TypeScript 带来的好处,有了类型约束,你在别处调用这个方法时,如果给出的参数类型或返回类型不正确,IDE 就可以直接告诉你错了。

```
import { Injectable } from '@angular/core';

@Injectable()
export class AuthService {

  constructor() { }

  loginWithCredentials(username: string, password: string): boolean {
    if(username === 'wangpeng')
      return true;
    return false;
  }

}
```

等一下,这个 service 虽然被创建了,但仍然无法在 Component 中使用。当然你可以在 Component 中 import 这个服务,然后实例化后使用,但是这样做并不好,仍然是一个紧耦合的模式,Angular 2 提供了一种依赖性注入(Dependency Injection)的方法。

什么是依赖性注入

如果不使用 DI(依赖性注入)的时候,我们自然的想法是这样的,在 login.component.ts 中 import 引入 AuthService,在构造中初始化 service,在 onClick 中调用 service:

```
import { Component, OnInit } from '@angular/core';
```

```
// 引入 AuthService
import { AuthService } from '../core/auth.service';

@Component({
  selector: 'app-login',
  template: '
    <div>
      <input #usernameRef type="text">
      <input #passwordRef type="password">
      <button (click)="onClick(usernameRef.value, passwordRef.value)">Login</button>
    </div>
  ',
  styles: []
})
export class LoginComponent implements OnInit {

  // 声明成员变量，其类型为 AuthService
  service: AuthService;

  constructor() {
    this.service = new AuthService();
  }

  ngOnInit() {
  }

  onClick(username, password) {
    // 调用 service 的方法
    console.log('auth result is: ' + this.service.loginWithCredentials(username,
      password));
  }

}
```

这么做呢也可以跑起来，但存在以下几个问题：

❏ 由于实例化是在组件中进行的，意味着我们如果更改 service 的构造函数的话，组件也需要更改。
❏ 如果我们以后需要开发、测试和生产环境配置不同的 AuthService，以这种方式实现会非常不方便。

下面我们看看如果使用 DI 是什么样子的，首先我们需要在组件的修饰器中配置 AuthService，然后在组件的构造函数中使用参数进行依赖注入：

```typescript
import { Component, OnInit } from '@angular/core';
import { AuthService } from '../core/auth.service';

@Component({
  selector: 'app-login',
  template: '
    <div>
      <input #usernameRef type="text">
      <input #passwordRef type="password">
      <button (click)="onClick(usernameRef.value, passwordRef.value)">Login</button>
    </div>
  ',
  styles: [],
  // 在 providers 中配置 AuthService
  providers:[AuthService]
})
export class LoginComponent implements OnInit {
  // 在构造函数中将 AuthService 示例注入到成员变量 service 中
  // 而且我们不需要显式声明成员变量 service 了
  constructor(private service: AuthService) {
  }

  ngOnInit() {
  }

  onClick(username, password) {
    console.log('auth result is: ' + this.service.loginWithCredentials(username,
      password));
  }

}
```

看到这里你会发现我们仍然需要 import 相关的服务，import 是要将类型引入进来，而 provider 里面会配置这个类型的实例。当然即使这样还是不太爽，可不可以不引入 AuthService 呢？答案是可以的。

我们看一下 app.module.ts，这个根模块文件中我们会发现也有个 providers，根模块中的这个 providers 是配置在模块中全局可用的 service 或参数的：

```
providers: [
    {provide: 'auth',  useClass: AuthService}
]
```

providers 是一个数组，这个数组呢其实是把你想要注入到其他组件中的服务配置在这里。大家注意到我们这里的写法和上面有点区别，没有直接写成：

```
providers:[AuthService]
```

而是给出了一个对象，里面有两个属性，provide 和 useClass，provide 定义了这个服务的名称，有需要注入这个服务的就引用这个名称就好。useClass 指明这个名称对应的服务是一个类，本例中就是 AuthService 了。这样定义好之后，我们就可以在任意组件中注入这个依赖了。

下面我们改动一下 login.component.ts，去掉头部的 import { AuthService } from '../core/auth.service'; 和组件修饰器中的 providers，更改其构造函数为：

```
constructor(@Inject('auth') private service) {
  }
```

我们去掉了 service 的类型声明，但加了一个修饰符 @Inject('auth')，这个修饰符的意思是请到系统配置中找到名称为 auth 的那个依赖注入到我修饰的变量中。当然这样改完后你会发现 Inject 这个修饰符系统不识别，我们需要在 @angular/core 中引用这个修饰符，现在 login.component.ts 看起来应该是下面这个样子：

```
import { Component, OnInit, Inject } from '@angular/core';

@Component({
  selector: 'app-login',
  template: '
    <div>
      <input #usernameRef type="text">
      <input #passwordRef type="password">
      <button (click)="onClick(usernameRef.value, passwordRef.value)">Login</button>
    </div>
  ',
  styles: []
})
export class LoginComponent implements OnInit {

  constructor(@Inject('auth') private service) {
  }

  ngOnInit() {
  }

  onClick(username, password) {
```

```
    console.log('auth result is: ' + this.service.loginWithCredentials(username,
      password));
  }
}
```

注意依赖性注入不是仅仅为 Service 服务的，任何的类都可以通过这种方式提供和注入，它提供了一种解耦的方式，通过 Providers 提供，通过 constructor 注入：

```
constructor(userService: UserService) {
  userService.addUser({username: 'wang', password:'1234'});
}
```

注入器从哪得到的依赖？它可能在自己内部容器里已经有该依赖了。如果它没有，也能在提供商的帮助下新建一个。提供商就是一个用于交付服务的配方，它被关联到一个令牌。Angular 会使用一些自带的提供商来初始化这些注入器。我们必须自行注册属于自己的提供商，通常用组件或者指令元数据中的 providers 数组进行注册。简单的类提供商是最典型的例子。只要在 providers 数值里面提到该类就可以了。

```
providers: [ AuthService, UserService ]
```

除了上面那种最简单的提供方式之外，我们还能以令牌方式提供。我们通常在构造函数里面，为参数指定类型，让 Angular 来处理依赖注入。该参数类型就是依赖注入器所需的令牌。Angular 把该令牌传给注入器，然后把得到的结果赋给参数。下面是一个典型的例子：

```
providers: [
  { provide: 'auth', useClass: AuthService },
  { provide: 'user', useClass: UserService },
  { provide: BASE_URL,  useValue:   'http://localhost:3000/todos' },
  AuthGuardService
]
```

我们发现 providers 数组是由一系列的 provide 对象构成的，这个对象是 {provide: ..., useClass: ...} 或者 {provide: ..., useValue: ...} 形式的。我们把第一个属性叫令牌，第二个属性叫定义对象。这两种形式分别对应类供应商和值供应商。

值供应商通常用来进行运行期常量设置，比如网站的基础地址和功能标志等。那么最简单的那种情形是怎么回事呢？比如：providers: [AuthGuardService]，其实这是一个语法糖，等价于 {provide: AuthGuardService, useClass: AuthGuardService}。

{ provide: BASE_URL, useValue: 'http://localhost:3000/todos' } 这个例子和其他的好像还是不太一样，BASE_URL 不是个字符串对象也不是一个类对象。这是我们创建的一个令牌，这样创建的令牌拥有一个友好的名字，但不会与其他的同名令牌发生冲突：

```
import { OpaqueToken } from '@angular/core';

export const BASE_URL = new OpaqueToken('BASE_URL');
```

当然还有另外两种情形，一种叫别名提供商，我们为同一个对象起了不同的别名：

```
{ provide: MinimalLogger, useExisting: LoggerService },
```

另一种叫工厂提供商，提供商通过调用工厂函数来新建一个依赖对象，如下所示：

```
{ provide: HELLO, useFactory: helloFactory(2), deps: [Greeting, HelloService] }
```

使用这项技术，可以用包含了一些依赖服务和本地状态输入的工厂函数来建立一个依赖对象。helloFactory 自身不是提供商工厂函数。真正的提供商工厂函数是 helloFactory 返回的函数：

```
export function helloFactory(take: number) {
  return (greeting: Greeting, helloService: HelloService): string => {
    /* ... */
  };
};
```

2.3 双向数据绑定

接下来的问题是我们是否只能通过这种方式进行表现层和逻辑之间的数据交换呢？如果我们希望在组件内对数据进行操作后再反馈到界面应该怎么处理呢？Angular 2 提供了一个双向数据绑定的机制。这个机制是这样的，在组件中提供成员数据变量，然后在模板中引用这个数据变量。我们来改造一下 login.component.ts，首先在 class 中声明两个数据变量 username 和 password：

```
username = "";
password = "";
```

然后去掉 onClick 方法的参数，并将内部的语句改造成如下样子：

```
console.log('auth result is: '
    + this.service.loginWithCredentials(this.username, this.password));
```

去掉参数的原因是双向绑定后，我们通过数据成员变量就可以知道用户名和密码了，不需要再传递参数了。而成员变量的引用方式是 this. 成员变量。然后我们来改造模板：

```
<div>
  <input type="text"
    [(ngModel)]="username"
  />
  <input type="password"
    [(ngModel)]="password"
  />
  <button (click)="onClick()">Login</button>
</div>
```

[(ngModel)]="username" 这个看起来很别扭，稍微解释一下，方括号 [] 的作用是说把等号后面当成表达式来解析而不是当成字符串，如果我们去掉方括号那就等于说是直接给这个 ngModel 赋值成 "username" 这个字符串了。方括号的含义是单向绑定，就是说我们在组件中给 model 赋的值会设置到 HTML 的 input 控件中。

[()] 是双向绑定的意思，就是说 HTML 对应控件的状态改变会反射设置到组件的 model 中。ngModel 是 FormModule 中提供的指令，它负责从 Domain Model（这里就是 username 或 password，以后我们可以绑定更复杂的对象）中创建一个 FormControl 的实例，并将这个实例和表单的控件绑定起来。

同样，对于 click 事件的处理，我们不需要传入参数了，因为其调用的是刚刚我们改造的组件中的 onClick 方法。现在我们保存文件后打开浏览器看一下，效果和上一节的应该一样。本节的完整代码如下：

```
//login.component.ts
import { Component, OnInit, Inject } from '@angular/core';

@Component({
  selector: 'app-login',
  template: '
    <div>
      <input type="text"
        [(ngModel)]="username"
      />
      <input type="password"
        [(ngModel)]="password"
      />
      <button (click)="onClick()">Login</button>
```

```
    </div>
  ',
  styles: []
})
export class LoginComponent implements OnInit {

  username = '';
  password = '';

  constructor(@Inject('auth') private service) {
  }

  ngOnInit() {
  }

  onClick() {
    console.log('auth result is: '
      + this.service.loginWithCredentials(this.username, this.password));
  }

}
```

2.4 表单数据的验证

通常情况下，表单的数据是有一定规则的，我们需要依照其规则对输入的数据做验证以及反馈验证结果。Angular 2 中对表单验证有非常完善的支持，我们继续上面的例子，在 login 组件中，我们定义了一个用户名和密码的输入框，现在我们来为它们加上规则。首先我们定义一下规则，用户名和密码都是必须输入的，也就是不能为空。更改 login.component.ts 中的模板为下面的样子：

```
<div>
  <input required type="text"
    [(ngModel)]="username"
    #usernameRef="ngModel"
    />
  {{usernameRef.valid}}
  <input required type="password"
    [(ngModel)]="password"
    #passwordRef="ngModel"
    />
```

```
    {{passwordRef.valid}}
  <button (click)="onClick()">Login</button>
</div>
```

注意，我们只是为 username 和 password 两个控件加上了 required 这个属性，表明这两个控件为必填项。通过 #usernameRef="ngModel" 我们重新又加入了引用，这次的引用指向了 ngModel，这个引用是要在模板中使用的，所以才加入这个引用。如果不需要在模板中使用，可以不要这句。{{ 表达式 }} 双花括号表示解析括号中的表达式，并把这个值输出到模板中。

这里我们为了可以显性地看到控件的验证状态，直接在对应控件后输出了验证的状态。初始状态可以看到两个控件的验证状态都是 false，试着填写一些字符在两个输入框中，看看状态变化吧，如图 2.6 所示。

图 2.6　表单验证状态

我们知道了验证的状态是什么，但是如果我们想知道验证失败的原因怎么办呢？我们只需要将 {{usernameRef.valid}} 替换成 {{usernameRef.errors | json}} 即可。| 是管道操作符，用于将前面的结果通过管道输出成另一种格式，这里就是把 errors 对象输出成 json 格式的意思。看一下结果吧，返回的结果如下，见图 2.7。

图 2.7　管道输出

如果除了不能为空，我们为 username 再添加一个规则试试看呢，比如字符数不能少于 3：

```
<input type="text"
  [(ngModel)]="username"
  #usernameRef="ngModel"
  required
  minlength="3"
/>
```

这时打开浏览器，看一下效果，如图 2.8 所示。

图 2.8 多规则验证

现在我们试着把 {{ 表达式 }} 替换成友好的错误提示，我们想在有错误发生时显示错误的提示信息。那么我们来改造一下 template：

```
<div>
  <input type="text"
    [(ngModel)]="username"
    #usernameRef="ngModel"
    required
    minlength="3"
  />
  {{ usernameRef.errors | json }}
    <div *ngIf="usernameRef.errors?.required">this is required</div>
    <div *ngIf="usernameRef.errors?.minlength">should be at least 3 charactors</div>
  <input required type="password"
    [(ngModel)]="password"
    #passwordRef="ngModel"
  />
    <div *ngIf="passwordRef.errors?.required">this is required</div>
  <button (click)="onClick()">Login</button>
</div>
```

ngIf 也是一个 Angular 2 的指令，顾名思义，是用于做条件判断的。*ngIf="usernameRef.errors?.required" 的意思是当 usernameRef.errors.required 为 true 时显示 div 标签。那么，那个?是干嘛的呢？因为 errors 可能是个 null，如果这个时候调用 errors 的 required 属性肯定会引发异常，那么?就是标明 errors 可能为空，在其为空时就不用调用后面的属性了。

如果我们把用户名和密码整个看成一个表单的话，我们应该把它们放在一对 <form></form> 标签中，类似地加入一个表单的引用 formRef：

```
<div>
  <form #formRef="ngForm">
    <input type="text"
      [(ngModel)]="username"
      #usernameRef="ngModel"
```

```
      required
      minlength="3"
      />
      <div *ngIf="usernameRef.errors?.required">this is required</div>
      <div *ngIf="usernameRef.errors?.minlength">should be at least 3 charactors</div>
    <input type="password"
      [(ngModel)]="password"
      #passwordRef="ngModel"
      required
      />
      <div *ngIf="passwordRef.errors?.required">this is required</div>
    <button (click)="onClick()">Login</button>
  </form>
</div>
```

这时运行后会发现原本好用的代码出错了，这是由于如果在一个大的表单中，ngModel 会注册成 Form 的一个子控件，注册子控件需要一个 name，这要求我们显式地指定对应控件的 name，因此我们需要为 input 增加 name 属性：

```
<div>
  <form #formRef="ngForm">
    <input type="text"
      name="username"
      [(ngModel)]="username"
      #usernameRef="ngModel"
      required
      minlength="3"
      />
      <div *ngIf="usernameRef.errors?.required">this is required</div>
      <div *ngIf="usernameRef.errors?.minlength">should be at least 3 charactors</div>
    <input type="password"
      name="password"
      [(ngModel)]="password"
      #passwordRef="ngModel"
      required
      />
      <div *ngIf="passwordRef.errors?.required">this is required</div>
    <button (click)="onClick()">Login</button>
    <button type="submit">Submit</button>
  </form>
</div>
```

既然我们增加了一个 formRef，我们就看看 formRef.value 有什么吧。首先为 form 增加一个表单提交事件的处理 <form #formRef="ngForm" (ngSubmit)="onSubmit(formRef.

value)">。然后在组件中增加一个 onSubmit 方法:

```
onSubmit(formValue) {
  console.log(formValue);
}
```

你会发现 formRef.value 中包括了表单所有填写项的值。还是在浏览器 Console 中观察一下,如图 2.9 所示。

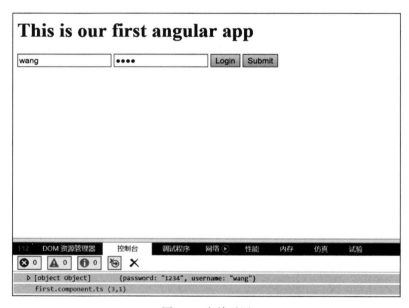

图 2.9 表单引用

有时候,在表单项过多时需要对表单项进行分组,HTML 中提供了 fieldset 标签用来处理。那么我们看看怎么和 Angular 2 结合吧:

```
<div>
  <form #formRef="ngForm" (ngSubmit)="onSubmit(formRef.value)">
    <fieldset ngModelGroup="login">
      <input type="text"
        name="username"
        [(ngModel)]="username"
        #usernameRef="ngModel"
        required
        minlength="3"
      />
      <div *ngIf="usernameRef.errors?.required">this is required</div>
```

```
        <div *ngIf="usernameRef.errors?.minlength">should be at least 3 charactors</div>
    <input type="password"
      name="password"
      [(ngModel)]="password"
      #passwordRef="ngModel"
      required
      />
      <div *ngIf="passwordRef.errors?.required">this is required</div>
    <button (click)="onClick()">Login</button>
    <button type="submit">Submit</button>
    </fieldset>
  </form>
</div>
```

<fieldset ngModelGroup=" login " > 意味着我们对于 fieldset 之内的数据都分组到了 login 对象中，在浏览器 Console 中可以看到这个对象的输出，如图 2.10 所示。

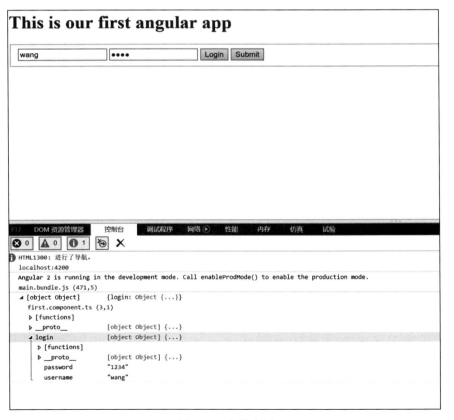

图 2.10　表单验证

接下来我们改写 onSubmit 方法用来替代 onClick，因为看起来这两个按钮重复了，我们需要去掉 onClick。首先去掉 template 中的 <button (click)="onClick()">Login</button>，然后把 <button type="submit"> 标签后的 Submit 文本替换成 Login，最后改写 onSubmit 方法：

```
onSubmit(formValue) {
  console.log('auth result is: '
    + this.service.loginWithCredentials(formValue.login.username, formValue.
    login.password));
}
```

在浏览器中试验一下吧，所有功能正常工作。

2.5　验证结果的样式自定义

如果我们在开发工具中查看网页源码，可以看到经过渲染后的控件 HTML 代码，如图 2.11 所示。

图 2.11　验证的样式

用户名控件的 HTML 代码是下面的样子：在验证结果为 false 时 input 的样式是 ng-invalid；

```
<input
  name="username"
  class="ng-pristine ng-invalid ng-touched"
  required=""
  type="text"
  minlength="3"
  ng-reflect-minlength="3"
  ng-reflect-name="username">
```

类似地可以实验一下，填入一些字符满足验证要求之后，看 input 的 HTML 是下面的样子，在验证结果为 true 时 input 的样式是 ng-valid：

```
<input
  name="username"
  class="ng-touched ng-dirty ng-valid"
  required=""
  type="text"
  ng-reflect-model="ssdsds"
  minlength="3"
  ng-reflect-minlength="3"
  ng-reflect-name="username">
```

知道这个后，我们可以自定义不同验证状态下的控件样式。在组件的修饰符中把 styles 数组改写一下：

```
styles: ['
  .ng-invalid{
    border: 3px solid red;
  }
  .ng-valid{
    border: 3px solid green;
  }
']
```

保存一下，返回浏览器可以看到，验证不通过时，如图 2.12 所示。

图 2.12　验证失败的样式

验证通过时是这样的，如图 2.13 所示。

图 2.13　验证通过的样式

最后说一下,我们看到这样设置完样式后连 form 和 fieldset 都一起设置了,这是由于 form 和 fieldset 也在样式中应用了 .ng-valid 和 .ng-valid,那怎么解决呢?只需要在 .ng-valid 加上 input 即可,这表明应用于 input 类型控件并且 class 引用了 ng-invalid 的元素,如下所示:

```
styles: ['
  input.ng-invalid{
    border: 3px solid red;
  }
  input.ng-valid{
    border: 3px solid green;
  }
']
```

很多开发人员不太了解 CSS,其实 CSS 还是比较简单的,我建议先从 Selector 开始看,Selector 的概念弄懂后 Angular 2 的开发中用 CSS 就会顺畅很多。具体可见 W3School 中对于 CSS Selctor 的参考和 https://css-tricks.com/multiple-class-id-selectors/。

2.6　组件样式

刚刚我们其实已经使用了组件样式,这里简单介绍一下什么是组件样式。对于我们写的每个 Angular 组件来说,除了定义 HTML 模板之外,我们还要定义用于模板的 CSS 样式,指定任意的选择器、规则和媒体查询。

实现方式之一,是在组件的元数据中设置 styles 属性。styles 属性可以接受一个包含 CSS 代码的字符串数组。通常我们只给它一个字符串就行了,就像我们在 LoginComponent 中做的那样:

```
@Component({
  selector: 'app-login',
  template: '
    <div>
      <input type="text"
        [(ngModel)]="username"
      />
```

```
      <input type="password"
        [(ngModel)]="password"
        />
      <button (click)="onClick()">Login</button>
    </div>
  ',
  styles: ['
    input.ng-invalid{
      border: 3px solid red;
    }
    input.ng-valid{
      border: 3px solid green;
    }
  ']
})
```

组件样式在很多方面都不同于传统的全局性样式。我们放在组件样式中的选择器，只会应用在组件自身的模板中。上面这个例子中的 input 选择器只会对 LoginComponent 模板中的 <input> 标签生效，而对应用中其他地方的 <input> 元素毫无影响。

这种模块化相对于 CSS 的传统工作方式有如下优点：

- CSS 类名和选择器是控件范围的。属于组件内部的，它不会和应用中其他地方的类名和选择器出现冲突。
- 组件的样式不会因为别的地方修改了样式而被意外改变。
- 可以让每个组件的 CSS 代码和它的 TypeScript、HTML 代码放在一起，这将构成清爽整洁的项目结构。
- 修改或移除组件的 CSS 代码时，不用搜索整个应用来看它有没有被别处用到。

> 本章代码：https://github.com/wpcfan/awesome-tutorials/tree/chap02/angular2/ng2-tut
> 打开命令行工具使用 git clone https://github.com/wpcfan/awesome-tutorials 下载。
> 然后键入 git checkout chap02 切换到本章代码。

2.7 小练习

1. 如果想给 username 和 password 输入框设置默认值。比如"请输入用户名"和"请输入密码"，自己动手试一下吧。
2. 如果想在输入框聚焦时把默认文字清除掉，该怎么做？
3. 如果想把默认文字颜色设置成浅灰色该怎么做？

第 3 章

建立一个待办事项应用

这一章我们会建立一个更复杂的待办事项应用,当然,登录功能也还保留,这样应用就有了多个相对独立的功能模块。以往的 Web 应用根据不同的功能跳转到不同的功能页面。但目前前端的趋势是开发一个 SPA(Single Page Application,单页应用),所以其实我们应该把这种跳转叫视图切换:根据不同的路径显示不同的组件。那我们怎么处理这种视图切换呢?幸运的是,我们无需寻找第三方组件,Angular 官方内建了自己的路由模块。我们会在接下来的学习中逐渐了解这个路由是怎么使用的。

同时本章会介绍 Angular 提供的一套内存仿真 Web API,这套 API 对于有后端依赖的开发者是极大的福音,我们可以不用等待后台开发人员开发完毕就可以自行进行前端开发了。

3.1 建立 routing 的步骤

由于我们要以路由形式显示组件,因此建立路由前,让我们先把 src\app\app.component.html 中的 <app-login></app-login> 删掉。

第一步:在 src/index.html 中指定基准路径,即在 <header> 中加入 <base href="/">,它指向你的 index.html 所在的路径,浏览器也会根据这个路径下载 css、图像和 js 文件,所以请将这个语句放在 header 的最顶端。

第二步：在 src/app/app.module.ts 中引入 RouterModule：

```
import { RouterModule }  from '@angular/router';
```

第三步：定义和配置路由数组，我们暂时只为 login 定义路由，仍然在 src/app/app.module.ts 中的 imports 中：

```
imports: [
  BrowserModule,
  FormsModule,
  HttpModule,
  RouterModule.forRoot([
    {
      path: 'login',
      component: LoginComponent
    }
  ])
],
```

注意，这个形式和其他的比如 BrowserModule、FormModule 和 HTTPModule 的表现形式好像不太一样。这里解释一下，forRoot 其实是一个静态的工厂方法，它返回的仍然是 Module。下面的是 Angular API 文档给出的 RouterModule.forRoot 的定义：

```
forRoot(routes: Routes, config?: ExtraOptions) : ModuleWithProviders
```

为什么叫 forRoot 呢？因为这个路由定义是应用在应用根部的，你可能猜到了还有一个工厂方法叫 forChild，后面会详细讲述它。接下来，我们看一下 forRoot 接受的参数，参数看起来是一个数组，每个数组元素是一个形如 {path: 'xxx', component: XXXComponent} 的对象。这个数组就叫做路由定义（RouteConfig）数组，每个数组元素就叫路由定义，目前我们只有一个路由定义。路由定义这个对象包括若干属性：

- path：路由器会用它来匹配路由中指定的路径和浏览器地址栏中的当前路径，如 /login。
- component：导航到此路由时，路由器需要创建的组件，如 LoginComponent。
- redirectTo：重定向到某个 path，使用场景的话，比如在用户输入不存在的路径时重定向到首页。
- pathMatch：路径的字符匹配策略。
- children：子路由数组。

3.1.1 路由插座

运行一下，我们会发现出错了，如图 3.1 所示。

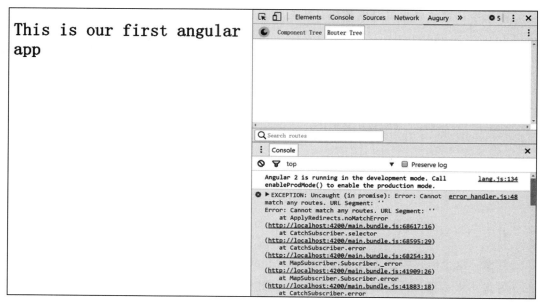

图 3.1　没有路由插座导致的报错

这个错误看上去应该是没有找到匹配的 route，这是由于我们只定义了一个 'login'，我们再试试在浏览器地址栏输入：http://localhost:4200/login。这次仍然出错，但错误信息变成了下面的样子，意思是我们没有找到一个插头（outlet）去加载 LoginComponent。于是，这就引出了 router outlet 的概念，如果要显示对应路由的组件，我们需要一个插头来装载组件：

```
error_handler.js:48EXCEPTION: Uncaught (in promise): Error: Cannot find
  primary outlet to load 'LoginComponent'
Error: Cannot find primary outlet to load 'LoginComponent'
    at getOutlet (http://localhost:4200/main.bundle.js:66161:19)
    at ActivateRoutes.activateRoutes (http://localhost:4200/main.bundle.js:66088:30)
    at http://localhost:4200/main.bundle.js:66052:19
    at Array.forEach (native)
    at ActivateRoutes.activateChildRoutes (http://localhost:4200/main.bundle.
      js:66051:29)
    at ActivateRoutes.activate (http://localhost:4200/main.bundle.js:66046:14)
    at http://localhost:4200/main.bundle.js:65787:56
```

```
at SafeSubscriber._next (http://localhost:4200/main.bundle.js:9000:21)
at SafeSubscriber.__tryOrSetError (http://localhost:4200/main.bundle.
    js:42013:16)
at SafeSubscriber.next (http://localhost:4200/main.bundle.js:41955:27)
```

下面我们把 `<router-outlet></router-outlet>` 写在 src\app\app.component.html 的末尾，在地址栏中输入 http://localhost:4200/login 重新看看浏览器中的效果，应用应该正常显示了。但如果输入 http://localhost:4200 仍然是有异常出现的，我们需要添加一个路由定义来处理。输入 http://localhost:4200 时相对于根路径的 path 应该是空，即 ' '。而我们这时希望将用户仍然引导到登录页面，这就是 redirectTo: 'login' 的作用。pathMatch: 'full' 的意思是必须完全符合路径的要求，也就是说，http://localhost:4200/1 是不会匹配到这个规则的，必须严格是 http://localhost:4200：

```
RouterModule.forRoot([
  {
    path: '',
    redirectTo: 'login',
    pathMatch: 'full'
  },
  {
    path: 'login',
    component: LoginComponent
  }
])
```

注意，路径配置的顺序是非常重要的，Angular 2 使用"先匹配优先"的原则，也就是说，如果一个路径可以同时匹配几个路径配置的规则，以第一个匹配的规则为准。现在打开浏览器试验一下，功能又恢复了正常。

3.1.2 分离路由定义

但是现在还有一点小不爽，就是直接在 app.modules.ts 中定义路径并不是很好的方式，因为随着路径定义的复杂，这部分最好还是用单独的文件来定义。现在，新建一个文件 src\app\app.routes.ts，将上面在 app.modules.ts 中定义的路径删除并在 app.routes.ts 中重新定义：

```
import { Routes, RouterModule } from '@angular/router';
import { LoginComponent } from './login/login.component';
import { ModuleWithProviders } from '@angular/core';
```

```
export const routes: Routes = [
  {
    path: '',
    redirectTo: 'login',
    pathMatch: 'full'
  },
  {
    path: 'login',
    component: LoginComponent
  }
];
export const routing: ModuleWithProviders = RouterModule.forRoot(routes);
```

接下来，在 app.modules.ts 中引入 routing，代码是 import { routing } from './app.routes';，然后在 imports 数组里添加 routing。现在，app.modules.ts 看起来是下面这个样子：

```
import { BrowserModule } from '@angular/platform-browser';
import { NgModule } from '@angular/core';
import { FormsModule } from '@angular/forms';
import { HttpModule } from '@angular/http';

import { AppComponent } from './app.component';
import { LoginComponent } from './login/login.component';
import { AuthService } from './core/auth.service';
import { routing } from './app.routes';

@NgModule({
  declarations: [
    AppComponent,
    LoginComponent
  ],
  imports: [
    BrowserModule,
    FormsModule,
    HttpModule,
    routing
  ],
  providers: [
    {provide: 'auth', useClass: AuthService}
    ],
  bootstrap: [AppComponent]
})
export class AppModule { }
```

现在我们来规划一下根路径 ''，如果对于根路径我们想建立一个 Todo 组件，那么我们使用 ng g c todo 来生成组件，然后在 app.routes.ts 中加入路由定义。对于根路径，我们不再需要重定向到登录了，我们把它改写成重定向到 Todo：

```
export const routes: Routes = [
  {
    path: '',
    redirectTo: 'todo',
    pathMatch: 'full'
  },
  {
    path: 'todo',
    component: TodoComponent
  },
  {
    path: 'login',
    component: LoginComponent
  }
];
```

在浏览器中键入 http://localhost:4200 可以看到自动跳转到了 todo 路径，并且 Todo 组件也显示出来了，如图 3.2 所示。

图 3.2　Todo 组件

3.2　让待办事项变得有意义

我们希望的 Todo 页面应该有一个输入待办事项的输入框和一个显示待办事项状态的列表。那么我们先来定义一下 Todo 的结构，Todo 应该有一个 id 用来唯一标识，还应该有一个 desc 用来描述这个 Todo 是干什么的，再有一个 completed 用来标识是否已经完成。下面建立这个 Todo 模型，在 todo 文件夹下新建一个文件 todo.model.ts：

```
export class Todo {
```

```
  id: number;
  desc: string;
  completed: boolean;
}
```

然后我们应该改造一下 Todo 组件了,引入刚刚建立好的 Todo 对象,并且建立一个 todos 数组作为所有 Todo 的集合,一个 desc 是当前添加的新的 Todo 的内容。当然,我们还需要一个 addTodo 方法把新的 Todo 加到 todos 数组中。这里我们暂且写一个漏洞百出的版本:

```
import { Component, OnInit } from '@angular/core';
import { Todo } from './todo.model';

@Component({
  selector: 'app-todo',
  templateUrl: './todo.component.html',
  styleUrls: ['./todo.component.css']
})
export class TodoComponent implements OnInit {
  todos: Todo[] = [];
  desc = '';
  constructor() { }

  ngOnInit() {
  }

  addTodo(){
    this.todos.push({id: 1, desc: this.desc, completed: false});
    this.desc = '';
  }
}
```

然后我们改造一下 src\app\todo\todo.component.html:

```
<div>
  <input type="text" [(ngModel)]="desc" (keyup.enter)="addTodo()">
  <ul>
    <li *ngFor="let todo of todos">{{ todo.desc }}</li>
  </ul>
</div>
```

如上述代码所示,我们建立了一个文本输入框,这个输入框的值应该是新 Todo 的描述(desc),我们想在用户按了回车键后进行添加操作((keyup.enter)="addTodo()")。因为 todos 是个数组，所以我们利用一个循环将数组内容显示出来（<li *ngFor="let todo of todos">{{ todo.desc }}</li>）。好了，让我们欣赏一下成果吧，如图 3.3 所示。

图 3.3　有实际意义的 Todo

隔离业务逻辑

如果我们还记得之前提到的业务逻辑应该放在单独的 service 中，我们还可以做得更好一些。在 todo 文件夹内建立 TodoService：ng g s todo\todo。上面的例子中所有创建的 todo 都是 id 为 1 的，这显然是一个大 bug，我们看一下怎么处理。常见的不重复 id 创建方式有两种，一个是采用一个自增长数列，另一个是采用随机生成的一组不可能重复的字符序列，常见的就是 UUID。

我们来引入一个 uuid 的包：npm install --save angular2-uuid，由于这个包中已经含有了用于 typescript 的定义文件，因此这里执行这一个命令就足够了。这里稍微提一下如何引入第三方 JavaScript 类库，分几种情况：

- 如果类库的 npm 包中含有类型定义文件（查看 node_modules/ 第三方类库 中是否有 .d.ts 后缀的文件），那么直接使用"npm install --save 要引入包的名称"即可。
- 如果类库中没有类型定义文件，可先使用"npm i --save 要引入包的名称"正常安装，然后执行"npm install @types/ 要引入包的名称 --save-dev"。这个命令要在 @types/ 中搜索安装类型定义文件。

当然，还是有可能找不到类型定义文件，这时还是可以使用的，但需要手动添加类型定义：首先在 src/typings.d.ts 中写 declare module' 要引入包的名 ';，然后在组件中可以这样引入 import * as friendName from' 要引入包的名 ';（friendName 是个友好别名，起一个你认为符合你风格的名称就行），使用时就可以这样调用方法了：

```
friendName.method();
```

由于此时 Todo 对象的 id 已经是字符类型了，因此请更改其声明为 id: string;。然后修改 service 成下面的样子：

```
import { Injectable } from '@angular/core';
import { Todo } from './todo.model';
import { UUID } from 'angular2-uuid';

@Injectable()
export class TodoService {

  todos: Todo[] = [];

  constructor() { }

  addTodo(todoItem:string): Todo[] {
    let todo = {
      id: UUID.UUID(),
      desc: todoItem,
      completed: false
    };
    this.todos.push(todo);
    return this.todos;
  }
}
```

当然，我们还要把组件中的代码改成使用 service 的：

```
import { Component, OnInit } from '@angular/core';
import { TodoService } from './todo.service';
import { Todo } from './todo.model';

@Component({
  selector:'app-todo',
  templateUrl: './todo.component.html',
  styleUrls: ['./todo.component.css'],
  providers:[TodoService]
})
export class TodoComponent implements OnInit {
  todos: Todo[] = [];
  desc: string = '';
  constructor(private service:TodoService) { }

  ngOnInit() {
```

```
    }
    addTodo(){
      this.todos = this.service.addTodo(this.desc);
      this.desc = '';
    }
}
```

为了可以清晰地看到我们的成果，我们为 Chrome 浏览器装一个插件，在 Chrome 浏览器的地址栏中输入 chrome://extensions，拉到最底部会看到一个"获取更多扩展程序"的链接，点击这个链接然后搜索"Augury"，安装即可。安装好后，按 F12 键调出开发者工具，里面出现一个叫"Augury"的 tab，如图 3.4 所示。

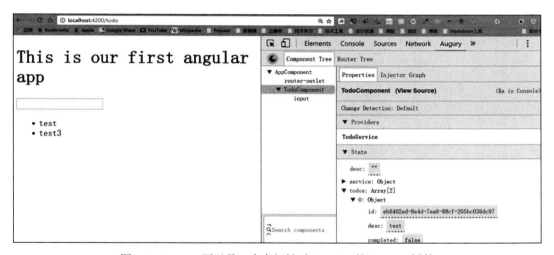

图 3.4　Augury 可以是一个专门针对 Angular 的 Chrome 插件

我们可以看到 id 这时候被设置成了一串字符，这个就是 UUID 了。

3.3　建立模拟 Web 服务和异步操作

实际开发中，我们的 service 是要和服务器 API 进行交互的，而不是现在这样简单地操作数组。但问题来了，现在没有 Web 服务，难道真要自己开发一个吗？答案是可以做个假的，假作真时真亦假。我们在开发过程中经常会遇到这类问题，等待后端开发的进度是很痛苦的。所以 Angular 内建提供了一个可以快速建立测试用 Web 服务的方法：内存（in-memory）服务器。

3.3.1 构建数据模型

一般来说,你需要知道自己对服务器的期望是什么,期待它返回什么样的数据,有了这个数据,我们就可以自己快速地建立一个内存服务器。拿这个例子来看,我们可能需要一个这样的对象:

```
class Todo {
  id: string;
  desc: string;
  completed: boolean;
}
```

对应的 JSON 应该是这样的:

```
{
  "data": [
    {
      "id": "f823b191-7799-438d-8d78-fcb1e468fc78",
      "desc": "blablabla",
      "completed": false
    },
    {
      "id": "c316a3bf-b053-71f9-18a3-0073c7ee3b76",
      "desc": "tetssts",
      "completed": false
    },
    {
      "id": "dd65a7c0-e24f-6c66-862e-0999ea504ca0",
      "desc": "getting up",
      "completed": false
    }
  ]
}
```

首先我们需要安装 angular-in-memory-web-api,输入 npm install --save angular-in-memory-web-api,然后在 Todo 文件夹下创建一个文件 src\app\todo\todo-data.ts:

```
import { InMemoryDbService } from 'angular-in-memory-web-api';
import { Todo } from './todo.model';

export class InMemoryTodoDbService implements InMemoryDbService {
  createDb() {
    let todos: Todo[] = [
      {id: "f823b191-7799-438d-8d78-fcb1e468fc78", desc: 'Getting up', completed: true},
```

```
      {id: "c316a3bf-b053-71f9-18a3-0073c7ee3b76", desc: 'Go to school', completed: false}
    ];
    return {todos};
  }
}
```

3.3.2　实现内存 Web 服务

可以看到，我们创建了一个实现 InMemoryDbService 的内存数据库，这个数据库其实也就是把数组传入进去。接下来，我们要更改 src\app\app.module.ts，加入类引用和对应的模块声明：

```
import { InMemoryWebApiModule } from 'angular-in-memory-web-api';
import { InMemoryTodoDbService } from './todo/todo-data';
```

然后在 imports 数组中紧挨着 HttpModule 加上：

```
InMemoryWebApiModule.forRoot(InMemoryTodoDbService),
```

现在我们在 service 中试着调用我们的"假 Web 服务"：

```
import { Injectable } from '@angular/core';
import { Http, Headers } from '@angular/http';
import { UUID } from 'angular2-uuid';

import 'rxjs/add/operator/toPromise';

import { Todo } from './todo.model';

@Injectable()
export class TodoService {

  // 定义你的假 Web API 地址，这个定义成什么都无所谓
  // 只要确保是无法访问的地址就好
  private api_url = 'api/todos';
  private headers = new Headers({'Content-Type': 'application/json'});

  constructor(private http: Http) { }

  // POST /todos
  addTodo(desc:string): Promise<Todo> {
    let todo = {
      id: UUID.UUID(),
      desc: desc,
```

```
      completed: false
    };
    return this.http
            .post(this.api_url, JSON.stringify(todo), {headers: this.headers})
            .toPromise()
            .then(res => res.json().data as Todo)
            .catch(this.handleError);
}

private handleError(error: any): Promise<any> {
    console.error('An error occurred', error);
    return Promise.reject(error.message || error);
}
}
```

上面的代码中定义了一个 api_url = 'api/todos'，你可能会问这个是怎么来的？分两部分看，api/todos 中前面的 api 定义成什么都可以，但后面这个 todos 是有讲究的，我们回去看一下 src\app\todo\todo-data.ts 返回的 return {todos}，这个其实是 return {todos: todos} 的省略表示形式，如果我们不想让这个后半部分是 todos，我们可以写成 {nahnahnah: todos}。这样，我们改写成 api_url = 'blablabla/nahnahnah' 也无所谓，因为这个内存 Web 服务的机理是拦截 Web 访问，也就是说，随便什么地址都可以，内存 Web 服务会拦截这个地址并解析你的请求是否满足 RESTful API 的要求。

3.3.3　内存服务器提供的 Restful API

简单来说，RESTful API 中以"名词"来标识资源，比如 todos；以"动词"标识操作，比如：GET 请求用于查询，PUT 用于更新，DELETE 用于删除，POST 用于添加。比如，如果 url 是 api/todos，那么：

- 查询所有待办事项：以 GET 方法访问 api/todos。
- 查询单个待办事项：以 GET 方法访问 api/todos/id，比如 id 是 1，那么访问 api/todos/1。
- 更新某个待办事项：以 PUT 方法访问 api/todos/id。
- 删除某个待办事项：以 DELETE 方法访问 api/todos/id。
- 增加一个待办事项：以 POST 方法访问 api/todos。

在 service 的构造函数中我们注入了 HTTP，而 Angular 的 HTTP 封装了大部分我们需要的方法，比如例子中增加一个 Todo，我们就调用 this.http.post(url, body, options)，

上面代码中 .post(this.api_url, JSON.stringify(todo), {headers: this.headers}) 的含义是：构造一个 POST 类型的 HTTP 请求，其访问的 url 是 this.api_url，request 的 body 是一个 JSON（把 Todo 对象转换成 JSON），在参数配置中我们配置了 request 的 header。

这个请求发出后返回的是一个 Observable（可观察对象），我们把它转换成 Promise，然后处理 res（Http Response）。Promise 提供异步的处理，注意到 then 中的写法，这个和传统编程写法不大一样，它叫做 lamda 表达式，相当于一个匿名函数，(input parameters) => expression，=> 前面的是函数的参数，后面的是函数体。

还要一点需要强调的是：在用内存 Web 服务时，一定要注意 res.json().data 中的 data 属性必须要有，因为内存 Web 服务在返回的 json 中加了 data 对象，你真正要得到的 json 在这个 data 里面。

下一步我们来更改 Todo 组件的 addTodo 方法以便可以使用我们新的异步 http 方法。

```
addTodo(){
  this.service
    .addTodo(this.desc)
    .then(todo => {
      this.todos = [...this.todos, todo];
      this.desc = '';
    });
}
```

这里，前半部分应该还是好理解的：this.service.addTodo(this.desc) 调用 service 的对应方法而已，但后半部分用来做什么？ ... 这个貌似省略号的东西是 ES7 中计划提供的 Object Spread 操作符，它的功能是将对象或数组"打散，拍平"。这么说可能还是不清晰，下面举个例子：

```
let arr = [1,2,3];
let arr2 = [...arr];
arr2.push(4);

// arr2 变成了 [1,2,3,4]
// arr 保存原来的样子

let arr3 = [0, 1, 2];
let arr4 = [3, 4, 5];
arr3.push(...arr4);
// arr3 变成了 [0, 1, 2, 3, 4, 5]
```

```
let arr5 = [0, 1, 2];
let arr6 = [-1, ...arr5, 3];
// arr6 变成了 [-1, 0, 1, 2, 3]
```

所以，上面的 this.todos = [...this.todos, todo]; 相当于为 todos 增加一个新元素，这和 push 很像，那为什么不用 push 呢？因为这样构造出来的对象是全新的，而不是引用的，在现代编程中一个明显的趋势是不要在过程中改变输入的参数。还有就是这样做会带给我们极大的便利性和编程的一致性。下面通过给该例子添加几个功能，我们来一起体会一下。

3.3.4　Angular 2 内建的 HTTP 方法

首先更改 src\app\todo\todo.service.ts：

```
//src\app\todo\todo.service.ts
import { Injectable } from '@angular/core';
import { Http, Headers } from '@angular/http';
import { UUID } from 'angular2-uuid';

import 'rxjs/add/operator/toPromise';

import { Todo } from './todo.model';

@Injectable()
export class TodoService {

  private api_url = 'api/todos';
  private headers = new Headers({'Content-Type': 'application/json'});

  constructor(private http: Http) { }

  // POST /todos
  addTodo(desc:string): Promise<Todo> {
    let todo = {
      id: UUID.UUID(),
      desc: desc,
      completed: false
    };
    return this.http
            .post(this.api_url, JSON.stringify(todo), {headers: this.headers})
            .toPromise()
            .then(res => res.json().data as Todo)
```

```typescript
        .catch(this.handleError);
}

// PUT /todos/:id
toggleTodo(todo: Todo): Promise<Todo> {
  const url = '${this.api_url}/${todo.id}';
  console.log(url);
  let updatedTodo = Object.assign({}, todo, {completed: !todo.completed});
  return this.http
          .put(url, JSON.stringify(updatedTodo), {headers: this.headers})
          .toPromise()
          .then(() => updatedTodo)
          .catch(this.handleError);
}

// DELETE /todos/:id
deleteTodoById(id: string): Promise<void> {
  const url = '${this.api_url}/${id}';
  return this.http
          .delete(url, {headers: this.headers})
          .toPromise()
          .then(() => null)
          .catch(this.handleError);
}

// GET /todos
getTodos(): Promise<Todo[]>{
  return this.http.get(this.api_url)
          .toPromise()
          .then(res => res.json().data as Todo[])
          .catch(this.handleError);
}

private handleError(error: any): Promise<any> {
  console.error('An error occurred', error);
  return Promise.reject(error.message || error);
}
}
```

上面的代码中可以看到对应 Restful API 的各个"动词"，Angular 2.x 提供了一系列对应名称的方法，非常简单易用。比如说在 deleteTodoById 方法中，我们要访问的 API 是 /todos/:id，使用的 HTTP 方法是 DELETE，那么我们就使用 this.http.delete(url, {headers: this.headers})。

3.3.5 JSONP 和 CORS

除了提供 HTTP 方法，在同一个 Module 中（HttpModule）我们还能看到有 JSONP。那么 JSONP 是什么呢？简单来说，由于浏览器的限制，JavaScript 进行跨域的 HTTP 资源请求是不允许的。比如你自己的服务器域名是 foo.bar，那么在你域名下 host 的 JavaScript 如果要请求 boo.bar 域名下的某个 API，其本应返回 json，但你的 JavaScript 可能出现无法访问的情况。这是因为浏览器出于安全的考虑，限制了不同源的资源请求。

但很快有人发现 Web 页面上调用 js 文件时则不受是否跨域的影响，而且发现凡是拥有 src 这个属性的标签都拥有跨域的能力，比如 <script>、<img>、<iframe>。跨域访问数据就存在一种可能，那就是在远程服务器上设法把数据装进 js 格式的文件里，供客户端调用和进一步处理。

JSON 在 JavaScript 中有良好的支持，而且 JSON 可以简洁地描述复杂数据结构，所以在客户端几乎可以随心所欲地处理这种格式的数据。Web 客户端通过与调用脚本一模一样的方式，来调用跨域服务器上动态生成的 js 格式文件（一般以 JSON 为后缀）。显而易见，服务器之所以要动态生成 JSON 文件，目的就在于把客户端需要的数据装入进去。

这样逐渐形成了一种非正式传输协议，这就是 JSONP 了，该协议的一个要点就是允许用户传递一个 callback 参数给服务器端，然后服务器端返回数据时会将这个 callback 参数作为函数名来包裹住 JSON 数据，这样客户端就可以随意定制自己的函数来自动处理返回数据了。

Angular 提供了 JSONP 对象，同时提供很多和 HTTP 类似的方法便于大家使用 JSONP 解决跨域问题。

当然，这个问题目前其实有比 JSONP 更好的解决方案，那就是 CORS（跨来源资源共享），这是个正式浏览器技术的标准。提供了 Web 服务从不同网域传来沙盒脚本的方法，以避开浏览器的同源策略，是 JSONP 模式的现代版。与 JSONP 不同，CORS 除了 GET 要求方法以外也支援其他的 HTTP 要求。大部分现代浏览器都已经支持 CORS。当然，JSONP 可以在不支援 CORS 的老旧浏览器上运作。

3.3.6 页面展现

更新 src\app\todo\todo.component.ts，调用新的 service 中的方法。有趣的是，利用 Object Spread 操作符，我们看到代码风格更一致，逻辑也更容易理解了：

```
import { Component, OnInit } from '@angular/core';
import { TodoService } from './todo.service';
import { Todo } from './todo.model';

@Component({
  selector: 'app-todo',
  templateUrl: './todo.component.html',
  styleUrls: ['./todo.component.css'],
  providers: [TodoService]
})
export class TodoComponent implements OnInit {
  todos : Todo[] = [];
  desc: string = '';

  constructor(private service: TodoService) {}
  ngOnInit() {
    this.getTodos();
  }

  addTodo(){
    this.service
      .addTodo(this.desc)
      .then(todo => {
        this.todos = [...this.todos, todo];
        this.desc = '';
      });
  }

  toggleTodo(todo: Todo) {
    const i = this.todos.indexOf(todo);
    this.service
      .toggleTodo(todo)
      .then(t => {
        this.todos = [
          ...this.todos.slice(0,i),
          t,
          ...this.todos.slice(i+1)
          ];
      });
  }

  removeTodo(todo: Todo) {
    const i = this.todos.indexOf(todo);
    this.service
      .deleteTodoById(todo.id)
      .then(()=> {
        this.todos = [
          ...this.todos.slice(0,i),
          ...this.todos.slice(i+1)
```

```
        ];
      });
  }

  getTodos(): void {
    this.service
      .getTodos()
      .then(todos => this.todos = [...todos]);
  }
}
```

模板文件 src\app\todo\todo.component.html 需要把对应的功能体现在页面上，于是我们增加了 toggleTodo（切换完成状态）的 checkbox 和 removeTodo（删除待办事项）的 button：

```
<section class="todoapp">
  <header class="header">
    <h1>Todos</h1>
    <input class="new-todo" placeholder="What needs to be done?" autofocus=""
      [(ngModel)]="desc" (keyup.enter)="addTodo()">
  </header>
  <section class="main" *ngIf="todos?.length > 0">
    <input class="toggle-all" type="checkbox">
    <ul class="todo-list">
      <li *ngFor="let todo of todos" [class.completed]="todo.completed">
        <div class="view">
          <input class="toggle" type="checkbox" (click)="toggleTodo(todo)" [checked]=
            "todo.completed">
          <label (click)="toggleTodo(todo)">{{todo.desc}}</label>
          <button class="destroy" (click)="removeTodo(todo); $event.stopPropagation()">
            </button>
        </div>
      </li>
    </ul>
  </section>
  <footer class="footer" *ngIf="todos?.length > 0">
    <span class="todo-count">
      <strong>{{todos?.length}}</strong> {{todos?.length == 1 ? 'item' : 'items'}}
      left
    </span>
    <ul class="filters">
      <li><a href="">All</a></li>
      <li><a href="">Active</a></li>
      <li><a href="">Completed</a></li>
    </ul>
```

```
      <button class="clear-completed">Clear completed</button>
   </footer>
</section>
```

更新组件的 css 样式：src\app\todo\todo.component.css 和 src\styles.css，这两个文件比较大，可以到下面列出的本节代码中去查看。

其中 src\app\todo\todo.component.css 有一段代码稍微讲一下，这段代码把复选框原本的方块替换成 SVG 格式的图片，以便实现比较炫酷的效果：

```
...
.todo-list li .toggle:after {
    content: url('data:image/svg+xml;utf8,<svg xmlns="http://www.w3.org/2000/svg"
        width="40" height="40" viewBox="-10 -18 100 135"><circle cx="50" cy="50"
        r="50" fill=
        "none" stroke="#ededed" stroke-width="3"/></svg>');
}
.todo-list li .toggle:checked:after {
    content: url('data:image/svg+xml;utf8,<svg xmlns="http://www.w3.org/2000/svg"
        width="40" height="40" viewBox="-10 -18 100 135"><circle cx="50" cy="50"
        r="50" fill=
        "none" stroke="#bddad5" stroke-width="3"/><path fill="#5dc2af" d="M72 25L42
        71 27 56l
        -4 4 20 20 34-52z"/></svg>');
}
...
```

现在我们看看成果吧，现在好看多了，如图 3.5 所示。

图 3.5　带样式的待办事项

> 本章代码：https://github.com/wpcfan/awesome-tutorials/tree/chap03/angular2/ng2-tut
> 打开命令行工具使用 git clone https://github.com/wpcfan/awesome-tutorials 下载。
> 然后键入 git checkout chap03 切换到本章代码。

3.4 小练习

1. 如果我们要实现 ToggleAll 这个功能的话（点击后，所有 Todo 的状态全部反转），在仅考虑内存数据的基础上，应该怎么操作数组可以实现这个功能呢？
2. 如果要实现 Clear Completed（点击后删除所有已完成的 Todo）呢？
3. 试着找一个网上的免费 API，用 Angular 2 提供 HTTP 模块访问和解析结果，看看是否可以解析成功？

第 4 章

进化！将应用模块化

通常一个企业的代码经过一段时间后都会出现膨胀，这种时候最好的方式就是模块化。将相对独立的功能模块划分出来，便于进行管理和维护。Angular 2 中的 Module 就是用来处理这种情况的。

Angular Module 是一个用 @NgModule 修饰的类，@NgModule 设置一些元数据告诉 Angular 怎样编译和运行该模块。同时这些元数据声明哪些是 Module 拥有的组件、指令和管道，哪些是外部可访问的组件。

在模块化的时候，我们往往会同时进行重构，在本章我们进行了组件的重新规划。这时候我们碰到了新问题：如何进行组件间的通信？本章我们会一起来解决这个问题。

除此之外，我们还会学习路由参数的处理以及一个可以快速搭建 Web API 的工具 json-server。

4.1 一个复杂组件的分拆

上一节的末尾我们堆砌了大量代码，可能你看起来都有点晕了，这就是典型的一个功能经过一段时间的需求累积后，代码也不可避免的臃肿起来。现在我们看看怎么分拆一下吧，如图 4.1 所示。

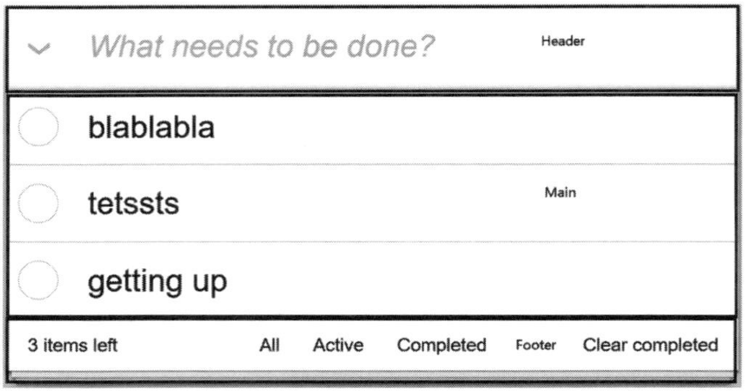

图 4.1 页面的功能区划分

我们的应用似乎可以分为 Header，Main 和 Footer 几部分（如图 4.1 所示）。首先我们来建立一个新的 Component，键入 ng g c todo/todo-footer。然后将 src\app\todo\todo.component.html 中的 \<footer\>...\</footer\> 段落剪切到 src\app\todo\todo-footer\todo-footer.component.html 中。

```
<footer class="footer" *ngIf="todos?.length > 0">
  <span class="todo-count">
    <strong>{{todos?.length}}</strong> {{todos?.length == 1 ? 'item' : 'items'}} left
  </span>
  <ul class="filters">
    <li><a href="">All</a></li>
    <li><a href="">Active</a></li>
    <li><a href="">Completed</a></li>
  </ul>
  <button class="clear-completed">Clear completed</button>
</footer>
```

观察上面的代码，我们看到似乎所有的变量都是 todos?.length，这提醒我们其实对于 Footer 来说，我们并不需要传入 todos，而只需要给出一个 item 计数即可。那么我们来把所有的 todos?.length 改成 itemCount：

```
<footer class="footer" *ngIf="itemCount > 0">
  <span class="todo-count">
    <strong>{{itemCount}}</strong> {{itemCount == 1 ? 'item' : 'items'}} left
  </span>
  <ul class="filters">
    <li><a href="">All</a></li>
    <li><a href="">Active</a></li>
    <li><a href="">Completed</a></li>
```

```
  </ul>
  <button class="clear-completed">Clear completed</button>
</footer>
```

也就是说如果在 src\app\todo\todo.component.html 中我们可以用 <app-todo-footer [itemCount]="todos?.length"></app-todo-footer> 去传递 Todo 项目计数给 Footer 即可。所以在 src\app\todo\todo.component.html 中刚才我们剪切掉代码的位置加上这句吧。当然，如果要让父组件可以传递值给子组件，我们还需要在子组件中声明一下。@Input() 是输入型绑定的修饰符，用于把数据从父组件传到子组件：

```
import { Component, OnInit, Input } from '@angular/core';

@Component({
  selector: 'app-todo-footer',
  templateUrl: './todo-footer.component.html',
  styleUrls: ['./todo-footer.component.css']
})
export class TodoFooterComponent implements OnInit {
  // 声明 itemCount 是可以一个可输入值（从引用者处）
  @Input() itemCount: number;
  constructor() { }

  ngOnInit() {
  }
}
```

运行一下看看效果，应该一切正常！如图 4.2 所示。

图 4.2　分拆 footer 之后的待办事项列表

4.1.1 输入和输出属性

类似地我们建立一个 Header 组件，键入 ng g c todo/todo-header，同样把下面的代码从 src\app\todo\todo.component.html 中剪切到 src\app\todo\todo-header\todo-header.component.html 中：

```html
<header class="header">
  <h1>Todos</h1>
  <input class="new-todo" placeholder="What needs to be done?" autofocus=""
    [(ngModel)]="desc" (keyup.enter)="addTodo()">
</header>
```

这段代码看起来有点麻烦，主要原因是我们好像不但需要给子组件输入什么，而且希望子组件给父组件要输出一些东西，比如输入框的值和按下回车键的消息等。当然你可能猜到了，Angular 2 里面有 @Input() 就相应的有 @Output() 修饰符。

我们希望输入框的占位文字（没有输入的情况下显示的默认文字）是一个输入型的参数，在回车键抬起时可以发射一个事件给父组件，同时我们也希望在输入框输入文字时父组件能够得到这个字符串。也就是说父组件调用子组件时看起来是下面的样子，相当于我们自定义的组件中提供一些事件，父组件调用时可以写自己的事件处理方法，而 $event 就是子组件发射的事件对象：

```html
<app-todo-header
  placeholder="What do you want"
  (onTextChanges)="onTextChanges($event)"
  (onEnterUp)="addTodo()" >
</app-todo-header>
```

但是第三个需求也就是"在输入框输入文字时父组件能够得到这个字符串"，这个有点问题，如果每输入一个字符都要回传给父组件的话，系统会过于频繁进行这种通信，有可能会有性能的问题。那么我们希望可以有一个类似滤波器的东东，它可以过滤掉一定时间内的事件。因此我们定义一个输入型参数 delay：

```html
<app-todo-header
  placeholder="What do you want"
  delay="400"
  (textChanges)="onTextChanges($event)"
  (onEnterUp)="addTodo()" >
</app-todo-header>
```

现在的标签引用应该是上面这个样子，但我们只是策划了它看起来是什么样子，还没有做呢。我们一起动手看看怎么做吧。todo-header.component.html 的模板中我们调整了一些变量名和参数以便让大家不混淆子组件自己的模板和父组件中引用子组件的模板片段：

```
//todo-header.component.html
<header class="header">
  <h1>Todos</h1>
  <input
    class="new-todo"
    [placeholder]="placeholder"
    autofocus=""
    [(ngModel)]="inputValue"
    (keyup.enter)="enterUp()">
</header>
```

牢记子组件的模板是描述子组件自己长成什么样子，应该有哪些行为，这些东西和父组件没有任何关系。比如 todo-header.component.html 中的 placeholder 就是 HTML 标签 Input 中的一个属性，和父组件没有关联，如果我们不在 todo-header.component.ts 中声明 @Input() placeholder，那么子组件就没有这个属性，在父组件中也无法设置这个属性。

父组件中的声明为 @Input() 的属性才会成为子组件对外可见的属性，我们完全可以把 @Input() placeholder 声明为 @Input() hintText，这样的话在引用 header 组件时，我们就需要这样写 <app-todo-header hintText="What do you want"...。

现在看一下 todo-header.component.ts：

```
import { Component, OnInit, Input, Output, EventEmitter, ElementRef } from '@angular/core';
import {Observable} from 'rxjs/Rx';
import 'rxjs/Observable';
import 'rxjs/add/operator/debounceTime';
import 'rxjs/add/operator/distinctUntilChanged';

@Component({
  selector: 'app-todo-header',
  templateUrl: './todo-header.component.html',
  styleUrls: ['./todo-header.component.css']
})
export class TodoHeaderComponent implements OnInit {
  inputValue: string = '';
  @Input() placeholder: string = 'What needs to be done?';
```

```
  @Input() delay: number = 300;

  //detect the input value and output this to parent
  @Output() textChanges = new EventEmitter<string>();
  //detect the enter keyup event and output this to parent
  @Output() onEnterUp = new EventEmitter<boolean>();

  constructor(private elementRef: ElementRef) {
    const event$ = Observable.fromEvent(elementRef.nativeElement, 'keyup')
      .map(() => this.inputValue)
      .debounceTime(this.delay)
      .distinctUntilChanged();
    event$.subscribe(input => this.textChanges.emit(input));
  }

  ngOnInit() {
  }

  enterUp(){
    this.onEnterUp.emit(true);
    this.inputValue = '';
  }
}
```

分析一下代码，placeholder 和 delay 作为 2 个输入型变量，这样 <app-todo-header> 标签中就可以设置这两个属性了。接下来我们看到了由 @Output 修饰的 onTextChanges 和 onEnterUp，这两个顾名思义是分别处理文本变化和回车键抬起事件的，这两个变量呢都定义成了 EventEmitter（事件发射器）。我们会在子组件的逻辑代码中以适当的条件去发射对应事件，而父组件会接收到这些事件。我们这里采用了 2 中方法来触发发射器：

- enterUp：这个是比较常规的方法，在 todo-header.component.html 中我们定义了 (keyup.enter)="enterUp()"，所以在组件的 enterUp 方法中，我们直接让 onEnterUp 发射了对应事件。
- 构造器中使用 Rx：这里涉及了很多新知识，首先我们注入了 ElementRef，这个是一个 Angular 中需要谨慎使用的对象，因为它可以让你直接操作 DOM，也就是 HTML 的元素和事件。

同时我们使用了 Rx（响应式对象），Rx 是一个很复杂的话题，这里我们不展开了，但我们主要是利用 Observable 去观察 HTML 中的 keyup 事件，然后在这个事件流中做一个转换把输入框的值发射出来（map），应用一个时间的滤波器（debounceTime），然后应用一个筛选器（distinctUntilChanged）。

这里由于这个事件的发射条件是依赖于输入时的当时条件，我们没有办法按前面的以模板事件触发做处理。最后需要在 todo.component.ts 中加入对 header 输出参数发射事件的处理。

```
onTextChanges(value) {
  this.desc = value;
}
```

最后由于组件分拆后，我们希望也分拆一下 css，todo-header.component.css，todo-footer.component.css 和 todo.component.css 都需要更新。

todo-header.component.css 的样式如下：

```
h1 {
  position: absolute;
  top: -155px;
  width: 100%;
  font-size: 100px;
  font-weight: 100;
  text-align: center;
  color: rgba(175, 47, 47, 0.15);
  -webkit-text-rendering: optimizeLegibility;
  -moz-text-rendering: optimizeLegibility;
  text-rendering: optimizeLegibility;
}
input::-webkit-input-placeholder {
  font-style: italic;
  font-weight: 300;
  color: #e6e6e6;
}
input::-moz-placeholder {
  font-style: italic;
  font-weight: 300;
  color: #e6e6e6;
}
input::input-placeholder {
  font-style: italic;
  font-weight: 300;
  color: #e6e6e6;
}
.new-todo {
  position: relative;
```

```css
  margin: 0;
  width: 100%;
  font-size: 24px;
  font-family: inherit;
  font-weight: inherit;
  line-height: 1.4em;
  border: 0;
  color: inherit;
  padding: 6px;
  border: 1px solid #999;
  box-shadow: inset 0 -1px 5px 0 rgba(0, 0, 0, 0.2);
  box-sizing: border-box;
  -webkit-font-smoothing: antialiased;
  -moz-osx-font-smoothing: grayscale;
}
.new-todo {
  padding: 16px 16px 16px 60px;
  border: none;
  background: rgba(0, 0, 0, 0.003);
  box-shadow: inset 0 -2px 1px rgba(0,0,0,0.03);
}
```

todo-footer.component.css 的样式如下：

```css
.footer {
  color: #777;
  padding: 10px 15px;
  height: 20px;
  text-align: center;
  border-top: 1px solid #e6e6e6;
}
.footer:before {
  content: '';
  position: absolute;
  right: 0;
  bottom: 0;
  left: 0;
  height: 50px;
  overflow: hidden;
  box-shadow: 0 1px 1px rgba(0, 0, 0, 0.2),
              0 8px 0 -3px #f6f6f6,
              0 9px 1px -3px rgba(0, 0, 0, 0.2),
              0 16px 0 -6px #f6f6f6,
              0 17px 2px -6px rgba(0, 0, 0, 0.2);
}
```

```css
.todo-count {
  float: left;
  text-align: left;
}
.todo-count strong {
  font-weight: 300;
}
.filters {
  margin: 0;
  padding: 0;
  list-style: none;
  position: absolute;
  right: 0;
  left: 0;
}
.filters li {
  display: inline;
}
.filters li a {
  color: inherit;
  margin: 3px;
  padding: 3px 7px;
  text-decoration: none;
  border: 1px solid transparent;
  border-radius: 3px;
}
.filters li a:hover {
  border-color: rgba(175, 47, 47, 0.1);
}
.filters li a.selected {
  border-color: rgba(175, 47, 47, 0.2);
}
.clear-completed:active {
  float: right;
  position: relative;
  line-height: 20px;
  text-decoration: none;
  cursor: pointer;
}
.clear-completed:hover {
  text-decoration: underline;
}
```

当然上述代码要从 todo.component.css 中删除，现在的 todo.component.css 看起来是

这个样子

```css
.todoapp {
  background: #fff;
  margin: 130px 0 40px 0;
  position: relative;
  box-shadow: 0 2px 4px 0 rgba(0, 0, 0, 0.2),
              0 25px 50px 0 rgba(0, 0, 0, 0.1);
}
.main {
  position: relative;
  z-index: 2;
  border-top: 1px solid #e6e6e6;
}
.todo-list {
  margin: 0;
  padding: 0;
  list-style: none;
}
.todo-list li {
  position: relative;
  font-size: 24px;
  border-bottom: 1px solid #ededed;
}
.todo-list li:last-child {
  border-bottom: none;
}
.todo-list li.editing {
  border-bottom: none;
  padding: 0;
}
.todo-list li.editing .edit {
  display: block;
  width: 506px;
  padding: 12px 16px;
  margin: 0 0 0 43px;
}
.todo-list li.editing .view {
  display: none;
}
.todo-list li .toggle {
  text-align: center;
  width: 40px;
  /* auto, since non-WebKit browsers doesn't support input styling */
```

```css
  height: auto;
  position: absolute;
  top: 0;
  bottom: 0;
  margin: auto 0;
  border: none; /* Mobile Safari */
  -webkit-appearance: none;
  appearance: none;
}
.todo-list li .toggle:after {
  content: url('data:image/svg+xml;utf8,<svg xmlns="http://www.w3.org/2000/svg"
    width="40" height="40" viewBox="-10 -18 100 135"><circle cx="50" cy="50" r="50"
    fill="none" stroke="#ededed" stroke-width="3"/></svg>');
}
.todo-list li .toggle:checked:after {
  content: url('data:image/svg+xml;utf8,<svg xmlns="http://www.w3.org/2000/svg"
    width="40" height="40" viewBox="-10 -18 100 135"><circle cx="50" cy="50" r="50"
    fill="none" stroke="#bddad5" stroke-width="3"/><path fill="#5dc2af" d="M72
    25L42 71 27 56l-4 4 20 20 34-52z"/></svg>');
}
.todo-list li label {
  word-break: break-all;
  padding: 15px 60px 15px 15px;
  margin-left: 45px;
  display: block;
  line-height: 1.2;
  transition: color 0.4s;
}
.todo-list li.completed label {
  color: #d9d9d9;
  text-decoration: line-through;
}
.todo-list li .destroy {
  display: none;
  position: absolute;
  top: 0;
  right: 10px;
  bottom: 0;
  width: 40px;
  height: 40px;
  margin: auto 0;
  font-size: 30px;
  color: #cc9a9a;
  margin-bottom: 11px;
```

```css
  transition: color 0.2s ease-out;
}
.todo-list li .destroy:hover {
  color: #af5b5e;
}
.todo-list li .destroy:after {
  content: '×';
}
.todo-list li:hover .destroy {
  display: block;
}
.todo-list li .edit {
  display: none;
}
.todo-list li.editing:last-child {
  margin-bottom: -1px;
}
label[for='toggle-all'] {
  display: none;
}
.toggle-all {
  position: absolute;
  top: -55px;
  left: -12px;
  width: 60px;
  height: 34px;
  text-align: center;
  border: none; /* Mobile Safari */
}
.toggle-all:before {
  content: '❻';
  font-size: 22px;
  color: #e6e6e6;
  padding: 10px 27px 10px 27px;
}
.toggle-all:checked:before {
  color: #737373;
}
```

4.1.2 CSS 样式的一点小说明

上一章我们讲了组件 CSS 样式，这一章我们再讲一下。我们有几种方式来把样式加入组件：

- 内联在模板的 HTML 中。
- 设置 styles 或 styleUrls 元数据。
- 通过 CSS 文件导入。

第一种方式我们可以把它们放到 <style> 标签中来直接在 HTML 模板中嵌入样式：

```
@Component({
  selector: 'hello-app',
  template: '
    <style>
      button {
        background-color: white;
        border: 1px solid #777;
      }
    </style>
    <h3>Controls</h3>
    <button (click)="activate()">Activate</button>
  '
})
export class HelloAppComponent {
/* . . . */
}
```

第二种方式，我们可以给 @Component 装饰器添加一个 styles 数组型属性。这个数组中的每一个字符串（通常也只有一个）定义一份 CSS：

```
@Component({
  selector: 'hello-app',
  template: '
    <h1>Hello World</h1>
    <app-hello-main></app-hello-main>',
  styles: ['h1 { font-weight: normal; }']
})
export class HelloAppComponent {
/* . . . */
}
```

或者使用 URL 指定样式文件：

```
@Component({
  selector: 'hello-app',
  template: '
    <h1>Hello World</h1>
    <app-hello-main></app-hello-main>',
  styleUrls: ['app/hello-app.component.css']
})
```

```
export class HelloAppComponent {
/* . . . */
}
```

第三种方式是通过在组件的 HTML 模板中嵌入 <link> 标签或通过标准的 CSS @import 规则来把其他 CSS 文件导入到我们的 CSS 文件中：

```
@Component({
  selector: 'hello-app',
  template: '
    <link rel="stylesheet" href="app/hello-app.component.css">
    <h3>Todos</h3>'
})
```

像 styleUrls 标签一样，link 标签的 href 指向的 URL 也是相对于应用的根目录的，而不是组件文件。

通过 CSS 的 import 引入的 URL 是相对于我们执行导入操作的 CSS 文件的，这点需要注意：

```
@import 'hello-app-blablabla.css';
```

4.1.3 控制视图的封装模式

我们前面提过了，组件的 CSS 样式被封装进了自己的视图中，从而不会影响到应用程序的其他部分。而控制视图的封装模式分为：Native（原生）、Emulated（仿真）和 None（无）。

- Native 模式：完全隔离，外面的样式无法影响组件，组件里面的样式也无法影响外面。
- Emulated 模式（默认值）：全局样式可以影响组件，但组件样式无法影响外层。
- None：意味着完全消除隔离特性，全局样式可以影响组件，组件样式也可以影响外层。这种情况下 Angular 不使用视图封装。Angular 会把 CSS 添加到全局样式中。而不会应用上前面讨论过的那些作用域规则、隔离和保护等。从本质上来说，这跟把组件的样式直接放进 HTML 是一样的。

4.2 封装成独立模块

现在我们的 todo 目录下有好多文件了，而且我们观察到这个功能相对很独立。这种情况下我们似乎没有必要将所有的组件都声明在根模块 AppModule 当中，因为类似像子组件没有被其他地方用到。Angular 中提供了一种组织方式，那就是模块。模块和根模块很类似，我们先在 todo 目录下建一个文件 src\app\todo\todo.module.ts。

```
import { CommonModule } from '@angular/common';
import { NgModule } from '@angular/core';
import { HttpModule } from '@angular/http';
import { FormsModule } from '@angular/forms';

import { routing} from './todo.routes'

import { TodoComponent } from './todo.component';
import { TodoFooterComponent } from './todo-footer/todo-footer.component';
import { TodoHeaderComponent } from './todo-header/todo-header.component';
import { TodoService } from './todo.service';

@NgModule({
  imports: [
    CommonModule,
    FormsModule,
    HttpModule,
    routing
  ],
  declarations: [
    TodoComponent,
    TodoFooterComponent,
    TodoHeaderComponent
  ],
  providers: [
    {provide: 'todoService', useClass: TodoService}
    ]
})
export class TodoModule {}
```

注意一点，我们没有引入 BrowserModule，而是引入了 CommonModule。导入 BrowserModule 会让该模块公开的所有组件、指令和管道在 AppModule 下的任何组件模板中直接可用，而不需要额外的繁琐步骤。CommonModule 提供了很多应用程序中常用的指令，包括 NgIf 和 NgFor 等。BrowserModule 导入了 CommonModule 并且重新导出了它。最终的效果是：只要导入 BrowserModule 就自动获得了 CommonModule 中的指令。

几乎所有要在浏览器中使用的应用的 根模块（AppModule）都应该从 @angular/platform-browser 中导入 BrowserModule。在其他任何模块中都不要导入 BrowserModule，应该改成导入 CommonModule。它们需要通用的指令。它们不需要重新初始化全应用级的提供商。由于和根模块很类似，我们就不展开讲了。需要做的事情是把 TodoComponent 中的 TodoService 改成用 @Inject('todoService') 来注入。但是注意一点，我们需要模块自己的路由定义。我们在 todo 目录下建立一个 todo.routes.ts 的文件，和根目录下的类似：

```
import { Routes, RouterModule } from '@angular/router';
import { TodoComponent } from './todo.component';

export const routes: Routes = [
  {
    path: 'todo',
    component: TodoComponent
  }
];
export const routing = RouterModule.forChild(routes);
```

这里我们只定义了一个路由就是"todo"，另外一点和根路由不一样的是 export const routing = RouterModule.forChild(routes);，我们用的是 forChild 而不是 forRoot，因为 forRoot 只能用于根目录，所有非根模块的其他模块路由都只能用 forChild。下面就得更改根路由了，src\app\app.routes.ts 看起来是这个样子：

```
import { Routes, RouterModule } from '@angular/router';
import { LoginComponent } from './login/login.component';

export const routes: Routes = [
  {
    path: '',
    redirectTo: 'login',
    pathMatch: 'full'
  },
  {
    path: 'login',
    component: LoginComponent
  },
  {
    path: 'todo',
    redirectTo: 'todo'
  }
];
export const routing = RouterModule.forRoot(routes);
```

注意，我们去掉了 TodoComponent 的依赖，而且更改 todo 路径定义为 redirecTo

到 todo 路径，但没有给出组件，这叫做"无组件路由"，也就是说后面的事情是 TodoModule 负责的。此时我们就可以去掉 AppModule 中引用的 Todo 相关的组件了：

```
import { BrowserModule } from '@angular/platform-browser';
import { NgModule } from '@angular/core';
import { FormsModule } from '@angular/forms';
import { HttpModule } from '@angular/http';

import { TodoModule } from './todo/todo.module';

import { InMemoryWebApiModule } from 'angular-in-memory-web-api';
import { InMemoryTodoDbService } from './todo/todo-data';

import { AppComponent } from './app.component';
import { LoginComponent } from './login/login.component';
import { AuthService } from './core/auth.service';
import { routing } from './app.routes';


@NgModule({
  declarations: [
    AppComponent,
    LoginComponent
  ],
  imports: [
    BrowserModule,
    FormsModule,
    HttpModule,
    InMemoryWebApiModule.forRoot(InMemoryTodoDbService),
    routing,
    TodoModule
  ],
  providers: [
    {provide: 'auth',  useClass: AuthService}
    ],
  bootstrap: [AppComponent]
})
export class AppModule { }
```

此时我们注意到其实没有任何一个地方目前还需引用 <app-todo></app-todo> 了，这就是说我们可以安全地把 selector:'app-todo'，从 Todo 组件中的 @Component 修饰符中删除了。

4.3 更真实的 Web 服务

这里我们不想再使用内存 Web 服务了，所以我们使用一个更"真"的 Web 服务：json-server。使用 npm install -g json-server 安装 json-server。然后在 todo 目录下建立 todo-data.json。

json-server 的强大之处在于可以根据一个或多个 json 数据建立一个完整的 Web 服务，提供 Restful 的 API 形式。比内存 Web 服务好的地方在于，我们可以通过浏览器或一些工具（比如 Postman）检验 API 的有效性和数据传递：

```
{
  "todos": [
    {
      "id": "f823b191-7799-438d-8d78-fcb1e468fc78",
      "desc": "blablabla",
      "completed": false
    },
    {
      "id": "dd65a7c0-e24f-6c66-862e-0999ea504ca0",
      "desc": "getting up",
      "completed": false
    },
    {
      "id": "c1092224-4064-b921-77a9-3fc091fbbd87",
      "desc": "you wanna try",
      "completed": false
    },
    {
      "id": "e89d582b-1a90-a0f1-be07-623ddb29d55e",
      "desc": "have to say good",
      "completed": false
    }
  ]
}
```

在 src\app\todo\todo.service.ts 中更改：

```
// private api_url = 'api/todos';
  private api_url = 'http://localhost:3000/todos';
```

现在，我们的 json 结构并不在 data 节点下了，所以请将 addTodo 和 getTodos 中 then 语句中的 res.json().data 替换成 res.json()。在 AppModule 中删掉内存 Web 服务相关的语句：

```
import { BrowserModule } from '@angular/platform-browser';
import { NgModule } from '@angular/core';
import { FormsModule } from '@angular/forms';
import { HttpModule } from '@angular/http';

import { TodoModule } from './todo/todo.module';

import { AppComponent } from './app.component';
import { LoginComponent } from './login/login.component';
import { AuthService } from './core/auth.service';
import { routing } from './app.routes';


@NgModule({
  declarations: [
    AppComponent,
    LoginComponent
  ],
  imports: [
    BrowserModule,
    FormsModule,
    HttpModule,
    routing,
    TodoModule
  ],
  providers: [
    {provide: 'auth', useClass: AuthService}
    ],
  bootstrap: [AppComponent]
})
export class AppModule { }
```

在一个命令行窗口，进入项目目录，输入 ng serve。然后另外打开一个命令窗口，进入项目目录，输入 json-server ./src/app/todo/todo-data.json，然后回到浏览器的 http://localhost:4200，如图 4.3 所示。

欣赏一下成果吧。

试验增、删、改、查动作时，如果你有兴趣可以打开另一个浏览器窗口，输入 http://localhost:3000/todos，每次操作完之后刷新一下这个浏览器窗口，看看服务器数据是如何变化的。

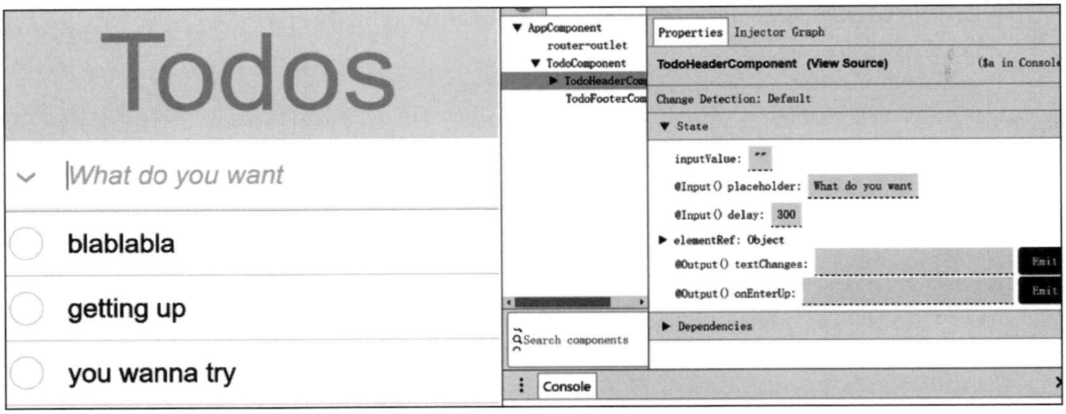

图 4.3　用 Augury 插件查看成果

4.4　完善 Todo 应用

在结束本节前，我们得给 Todo 应用收个尾，还差一些功能没完成：

- 从架构上来讲，我们似乎还可以进一步构建出 TodoList 和 TodoItem 两个组件。
- 全选并反转状态。
- 底部筛选器：All、Active、Completed。
- 清理已完成项目。

下面先看如何构建 TodoItem 和 TodoList 组件。

在命令行窗口键入 ng g c todo/todo-item，angular-cli 会十分聪明地帮你在 todo 目录下建好 TodoItem 组件，并且在 TodoModule 中声明。一般来说，如果要生成某个模块下的组件，输入 ng g c 模块名称 / 组件名称即可。好的，类似地我们再建立一个 TodoList 控件，ng g c todo/todo-list。我们希望未来的 todo.component.html 是下面这个样子的：

```
<section class="todoapp">
  <app-todo-header
    placeholder="What do you want"
    (textChanges)="onTextChanges($event)"
    (onEnterUp)="addTodo()" >
  </app-todo-header>
  <app-todo-list
    [todos]="todos"
    (onRemoveTodo)="removeTodo($event)"
```

```
      (onToggleTodo)="toggleTodo($event)"
    >
  </app-todo-list>
  <app-todo-footer [itemCount]="todos?.length"></app-todo-footer>
</section>
```

那么 TodoItem 哪儿去了呢？TodoItem 是 TodoList 的子组件，TodoItem 的模板应该是 todos 循环内的一个 todo 的模板。TodoList 的 HTML 模板看起来应该是下面的样子：

```
<section class="main" *ngIf="todos?.length > 0">
  <input class="toggle-all" type="checkbox">
  <ul class="todo-list">
    <li *ngFor="let todo of todos" [class.completed]="todo.completed">
      <app-todo-item
        [isChecked]="todo.completed"
        (onToggleTriggered)="onToggleTriggered(todo)"
        (onRemoveTriggered)="onRemoveTriggered(todo)"
        [todoDesc]="todo.desc">
      </app-todo-item>
    </li>
  </ul>
</section>
```

那么我们先从最底层的 TodoItem 看，这个组件怎么剥离出来？首先来看 todo-item.component.html：

```
<div class="view">
  <input class="toggle" type="checkbox" (click)="toggle()" [checked]="isChecked">
  <label [class.labelcompleted]="isChecked" (click)="toggle()">{{todoDesc}}</label>
  <button class="destroy" (click)="remove(); $event.stopPropagation()"></button>
</div>
```

我们需要确定有哪些输入型和输出型参数：

❏ isChecked：输入型参数，用来确定是否被选中，由父组件（TodoList）设置。

❏ todoDesc：输入型参数，显示 Todo 的文本描述，由父组件设置。

❏ onToggleTriggered：输出型参数，在用户点击 checkbox 或 label 时以事件形式通知父组件。在 TodoItem 中我们是在处理用户点击事件时在 toggle 方法中发射这个事件。

❏ onRemoveTriggered：输出型参数，在用户点击删除按钮时以事件形式通知父组件。在 TodoItem 中当处理用户点击按钮事件时在 remove 方法中发射这个事件。

确定好这些后，事情就变的很简单，在组件中以 @Input 标示你的输入型参数，以

@Output 标识你的输出型参数。由于输出型参数需要向上发射事件，所以需要声明成一个 EventEmitter 对象。下面按着我们刚刚的思路，我们把 src/app/todo/todo-item.component.ts 改成下面的样子：

```
import { Component, Input, Output, EventEmitter } from '@angular/core';

@Component({
  selector: 'app-todo-item',
  templateUrl: './todo-item.component.html',
  styleUrls: ['./todo-item.component.css']
})
export class TodoItemComponent{
  @Input() isChecked: boolean = false;
  @Input() todoDesc: string = '';
  @Output() onToggleTriggered = new EventEmitter<boolean>();
  @Output() onRemoveTriggered = new EventEmitter<boolean>();

  toggle() {
    this.onToggleTriggered.emit(true);
  }

  remove() {
    this.onRemoveTriggered.emit(true);
  }
}
```

建立好 TodoItem 后，我们再来看 TodoList，还是从模板看一下：

```
<section class="main" *ngIf="todos?.length > 0">
  <input class="toggle-all" type="checkbox">
  <ul class="todo-list">
    <li *ngFor="let todo of todos" [class.completed]="todo.completed">
      <app-todo-item
        [isChecked]="todo.completed"
        (onToggleTriggered)="onToggleTriggered(todo)"
        (onRemoveTriggered)="onRemoveTriggered(todo)"
        [todoDesc]="todo.desc">
      </app-todo-item>
    </li>
  </ul>
</section>
```

TodoList 需要一个输入型参数 todos，由父组件（TodoComponent）指定，TodoList 本身不需要知道这个数组是怎么来的，它和 TodoItem 只是负责显示而已。当然我们由于在 TodoList 里面还有 TodoITem 子组件，而且 TodoList 本身不会处理这个输出型参数，所以我们需要把子组件的输出型参数再传递给 TodoComponent 进行处理：

```
import { Component, Input, Output, EventEmitter } from '@angular/core';
import { Todo } from '../todo.model';

@Component({
  selector: 'app-todo-list',
  templateUrl: './todo-list.component.html',
  styleUrls: ['./todo-list.component.css']
})
export class TodoListComponent {
  _todos: Todo[] = [];

  @Input()
  set todos(todos:Todo[]){
    this._todos = [...todos];
  }

  get todos() {
    return this._todos;
  }
  @Output() onRemoveTodo = new EventEmitter<Todo>();
  @Output() onToggleTodo = new EventEmitter<Todo>();

  onRemoveTriggered(todo: Todo) {
    this.onRemoveTodo.emit(todo);
  }

  onToggleTriggered(todo: Todo) {
    this.onToggleTodo.emit(todo);
  }
}
```

上面代码中有一个新东西，就是在 todos() 方法前我们看到有 set 和 get 两个访问修饰符。这个是由于我们如果把 todos 当成一个成员变量给出的话，在设置后如果父组件的 todos 数组改变了，子组件并不知道这个变化，从而不能更新子组件本身的内容。所以我们把 todos 做成了方法，而且通过 get 和 set 修饰成属性方法，也就是说从模板中引用的话可以写成 {{todos}}。

通过标记 set todos() 为 @Input 我们可以监视父组件的数据变化。也就是说如果只定义一个输入型属性的话，那么这个属性是 "只写" 的，如果要检测父组件所设置值的变化，我们需要读，所以要提供读和写两个方法。

现在回过头来看一下 todo.component.html，我们看到 (onRemoveTodo)="removeTodo

($event)"，这句是为了处理子组件（TodoList）的输出型参数（onRemoveTodo），而 $event 其实就是这个事件反射器携带的参数（这里是 todo:Todo）。我们通过这种机制完成组件间的数据交换：

```
<section class="todoapp">
  <app-todo-header
    placeholder="What do you want"
    (textChanges)="onTextChanges($event)"
    (onEnterUp)="addTodo()" >
  </app-todo-header>
  <app-todo-list
    [todos]="todos"
    (onRemoveTodo)="removeTodo($event)"
    (onToggleTodo)="toggleTodo($event)"
    >
  </app-todo-list>
  <app-todo-footer [itemCount]="todos?.length"></app-todo-footer>
</section>
```

讲到这里大家可能要问是不是过度设计了，这么少的功能用得着这么设计吗？是的，本案例属于过度设计，但我们的目的是展示出更多的 Angular 实战方法和特性。

4.5 填坑，完成漏掉的功能

现在我们还差几个功能：全部反转状态（ToggleAll），清除全部已完成任务（Clear Completed）和状态筛选器。我们的设计方针是逻辑功能放在 TodoComponent 中，而其他子组件只负责表现。这样的话，我们先来看看逻辑上应该怎么完成。

4.5.1 用路由参数传递数据

首先看一下过滤器，在 Footer 中我们有三个过滤器：All，Active 和 Completed，见图 4.4，点击任何一个过滤器，我们只想显示过滤后的数据。

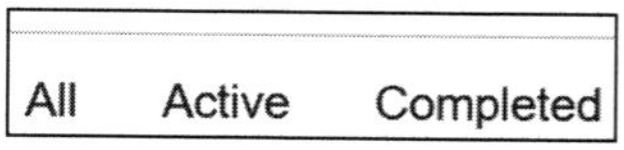

这个功能其实有几种可以实现的方式，第一种我们可以按照之前讲过的组件间传递数据的方式设置一个 @Output 的事件发射器来实现。但本节中我们采用另一种方式，通过路由传递参数来实现。Angular 2 可以给路由添加参数，最简单的一种方式是比如 /todo 是我们的 TodoComponent 处理的路径，如果希望携带一个 filter 参数的话，可以在路由定义中写成：

图 4.4 待办事项的过滤器

```
{
  path: 'todo/:filter',
  component: TodoComponent
}
```

这个 :filter 是一个参数表达式，也就是说，例如 todo/ACTIVE 就意味着参数 filter='ACTIVE'。看上去有点像子路由，但这里我们使用一个组件去处理不同路径，所以 todo/ 后面的数据就被当作路由参数来对待了。这样的话就比较简单了，我们在 todo-footer.component.html 中把几个过滤器指向的路径写一下，注意需要使用 Angular 2 特有的路由链接指令（routerLink）：

```
<ul class="filters">
  <li><a routerLink="/todo/ALL">All</a></li>
  <li><a routerLink="/todo/ACTIVE">Active</a></li>
  <li><a routerLink="/todo/COMPLETED">Completed</a></li>
</ul>
```

当然我们还需要在 todo.routes.ts 中增加路由参数到路由数组中：

```
{
  path: 'todo/:filter',
  component: TodoComponent
}
```

根路由定义也需要改写一下，因为原来 todo 不带参数时，我们直接重定向到 todo 模块即可，但现在有参数的话应该重定向到默认参数是"ALL"的路径：

```
{
  path: 'todo',
  redirectTo: 'todo/ALL'
}
```

现在打开 todo.component.ts 看看怎么接收这个参数：1）引入路由对象 import { Router, ActivatedRoute, Params } from '@angular/router'；2）在构造中注入 ActivatedRoute 和 Router：

```
constructor(
  @Inject('todoService') private service,
  private route: ActivatedRoute,
  private router: Router) {}
```

然后在 ngOnInit() 中添加下面的代码，一般的逻辑代码如果需要在 ngOnInit() 中调用：

```
ngOnInit() {
  this.route.params.forEach((params: Params) => {
    let filter = params['filter'];
    this.filterTodos(filter);
  });
}
```

这里解释一下 ActivatedRoute 的作用，这个对象可以一站式获得路由信息。每个路由都包含路径、数据参数、URL 片段等很多信息。ActivatedRoute 包含你需要从当前路由组件中获得的全部信息（你可能会问，那其他路由的信息呢？答案是可以从 RouterState 中获得关于其他激活路由的信息），包括：

- url: 该路由路径的 Observable 对象。它的值是一个由路径中各个部件组成的字符串数组。
- data: 该路由提供的 data 对象的一个 Observable 对象。还包含从 resolve 守卫中解析出来的值。
- params: 包含该路由的必选参数和可选参数的 Observable 对象。
- queryParams: 一个包含对所有路由都有效的查询参数的 Observable 对象。
- fragment: 一个包含对所有路由都有效的片段值的 Observable 对象。
- outlet: RouterOutlet 的名字，用于指示渲染该路由的位置。对于未命名的 RouterOutlet，这个名字是 primary。
- routeConfig: 与该路由的原始路径对应的配置信息。
- parent: 当使用子路由时，它是一个包含父路由信息的 ActivatedRoute 对象。
- firstChild: 包含子路由列表中的第一个 ActivatedRoute 对象。
- children: 包含当前路由下激活的全部子路由。

从 this.route.params 返回的是一个 Observable，里面包含着所有传递的参数，我们这个例子很简单只有一个，就是刚才定义的 filter。当然我们需要在组件内添加对各种 filter 处理的方法：调用 service 中的处理方法后对 todos 数组进行操作。组件中原有的 getTodos 方法已经没有用了，删掉吧：

```
filterTodos(filter: string): void{
  this.service
    .filterTodos(filter)
    .then(todos => this.todos = [...todos]);
}
```

最后，我们看看在 todo.service.ts 中如何实现这个方法：

```
// GET /todos?completed=true/false
filterTodos(filter: string): Promise<Todo[]> {
  switch(filter){
    case 'ACTIVE': return this.http
        .get('${this.api_url}?completed=false')
        .toPromise()
        .then(res => res.json() as Todo[])
        .catch(this.handleError);
    case 'COMPLETED': return this.http
        .get('${this.api_url}?completed=true')
        .toPromise()
        .then(res => res.json() as Todo[])
        .catch(this.handleError);
    default:
      return this.getTodos();
  }
}
```

至此大功告成，我们来看看效果吧。现在输入 http://localhost:4200/todo，进入后观察浏览器地址栏，看到了吧，路径自动修改成了 http://localhost:4200/todo/ALL，我们在根路由中定义的重定向起作用了！如图 4.5 所示。

图 4.5　路由重定向

现在，试着点击其中某个 Todo 更改其完成状态，然后点击 Active，我们看到不光路径变了，数据也按照我们期待的方式更新了，如图 4.6 所示。

图 4.6　待办事项过滤器仍然好用

4.5.2　批量修改和批量删除

ToggleAll 和 ClearCompleted 的功能其实是一个批量修改和批量删除的过程。在 todo-footer.component.html 中增加 Clear Completed 按钮的事件处理：

```
<button class="clear-completed" (click)="onClick()">Clear completed</button>
```

Clear Completed 在 Footer 中，所以我们需要给 Footer 组件增加一个输出型参数 onClear 和 onClick() 事件处理方法：

```
//todo-footer.component.ts
...
  @Output() onClear = new EventEmitter<boolean>();
  onClick(){
    this.onClear.emit(true);
  }
...
```

类似的，ToggleAll 位于 TodoList 中，所以在 todo-list.component.html 中为其增加点击事件：

```
<input class="toggle-all" type="checkbox" (click)="onToggleAllTriggered()">
```

在 todo-list.component.ts 中增加一个输出型参数 onToggleAll 和 onToggleAllTriggered 的方法：

```
@Output() onToggleAll = new EventEmitter<boolean>();
onToggleAllTriggered() {
  this.onToggleAll.emit(true);
}
```

在父组件模板中添加子组件中刚刚声明的新属性，在 todo.component.html 中为 app-todo-list 和 app-todo-footer 添加属性：

```
...
<app-todo-list
  ...
  (onToggleAll)="toggleAll()"
  >
</app-todo-list>
<app-todo-footer
  ...
  (onClear)="clearCompleted()">
</app-todo-footer>
...
```

最后在父组件（todo.component.ts）中添加对应的处理方法。最直觉的做法是循环数组，执行已有的 toggleTodo(todo: Todo) 和 removeTodo(todo: Todo)。我们更改一下 todo.component.ts，增加下面两个方法：

```
toggleAll(){
  this.todos.forEach(todo => this.toggleTodo(todo));
}

clearCompleted(){
  const todos = this.todos.filter(todo=> todo.completed===true);
  todos.forEach(todo => this.removeTodo(todo));
}
```

先保存一下，点击一下输入框左边的下箭头图标或者右下角的"Clear Completed"，看看效果，如图 4.7 所示。

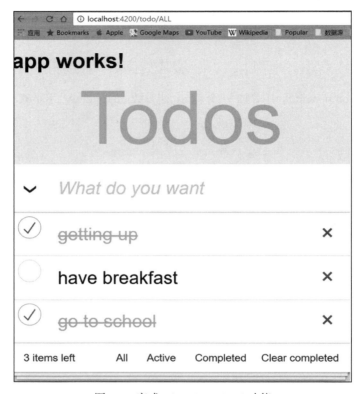

图 4.7 完成 Clear Completed 功能

大功告成！慢着，等一下，哪里好像不太对。让我们回过头再看看 toggleAll 方法和 clearCompleted 方法。目前的实现方式有个明显问题，那就是处理方式又变成同步的了（this.todos.forEach() 是个同步方法），如果我们的处理逻辑比较复杂的话，现在的实现方式会导致 UI 没有响应。

但是如果不这么做的话，对于一系列的异步操作我们怎么处理呢？ Promise.all(iterable) 就是应对这种情况的，它适合把一系列的 Promise 一起处理，直到所有的 Promise 都处理完（或者异常时执行 reject 操作），之后也返回一个 Promise，里面是所有的返回值：

```
let p1 = Promise.resolve(3);
let p2 = 1337;
let p3 = new Promise((resolve, reject) => {
  setTimeout(resolve, 100, "foo");
});

Promise.all([p1, p2, p3]).then(values => {
```

```
console.log(values); // [3, 1337, "foo"]
});
```

但是，还有个问题，我们目前的 toggleTodo(todo: Todo) 和 removeTodo(todo: Todo) 并不返回 Promise，所以也需要小改造一下：

```
//todo.component.ts 片段
toggleTodo(todo: Todo): Promise<void> {
  const i = this.todos.indexOf(todo);
  return this.service
    .toggleTodo(todo)
    .then(t => {
      this.todos = [
        ...this.todos.slice(0,i),
        t,
        ...this.todos.slice(i+1)
      ];
      return null;
    });
}
removeTodo(todo: Todo): Promise<void>  {
  const i = this.todos.indexOf(todo);
  return this.service
    .deleteTodoById(todo.id)
    .then(()=> {
      this.todos = [
        ...this.todos.slice(0,i),
        ...this.todos.slice(i+1)
      ];
      return null;
    });
}
toggleAll(){
  Promise.all(this.todos.map(todo => this.toggleTodo(todo)));
}
clearCompleted(){
  const completed_todos = this.todos.filter(todo => todo.completed === true);
  const active_todos = this.todos.filter(todo => todo.completed === false);
  Promise.all(completed_todos.map(todo => this.service.deleteTodoById(todo.id)))
    .then(() => this.todos = [...active_todos]);
}
```

现在再去试试效果，应该一切功能正常。当然这个版本其实还是有问题的，本质上还是在循环调用 toggleTodo 和 removeTodo，这样做会导致多次进行 HTTP 连接，所以最佳策略应该是请服务器后端开发者增加一个批处理的 API 给我们。但是服务器端的编程不是本教程的范畴，这里就不展开了，大家只需记住如果在生产环境中切记要减少HTTP 请求的次数和缩减发送数据包的大小。

说到减小 HTTP 交互数据的大小的话，我们在 todo.service.ts 中可以对 toggleTodo 方法做点改造。原来的 put 方法是将整个 todo 数据上传，但其实我们只改动了 todo.completed 属性。如果你的 Web API 是符合 REST 标准的话，我们可以用 HTTP 的 PATCH 方法而不是 PUT 方法，PATCH 方法会只上传变化的数据：

```
// It was PUT /todos/:id before
// But we will use PATCH /todos/:id instead
// Because we don't want to waste the bytes those don't change
toggleTodo(todo: Todo): Promise<Todo> {
  const url = '${this.api_url}/${todo.id}';
  let updatedTodo = Object.assign({}, todo, {completed: !todo.completed});
  return this.http
    .patch(url, JSON.stringify({completed: !todo.completed}), {headers: this.headers})
    .toPromise()
    .then(() => updatedTodo)
    .catch(this.handleError);
}
```

最后，Todo 的所有子组件其实都没有用到 NgInit，所以不必实现 ngInit 接口，可以去掉 NgInit 方法和相关的接口引用。

> 本章代码：https://github.com/wpcfan/awesome-tutorials/tree/chap04/angular2/ng2-tut
> 打开命令行工具使用 git clone https://github.com/wpcfan/awesome-tutorials 下载。然后键入 git checkout chap04 切换到本章代码。

4.6 小练习

1. 如果不使用路由参数来实现过滤器功能（All，Active，Completed）的话，还有哪些实现方式？你可以自己动手试验一下。
2. 利用 json-server 我们可以很快搭建一个 Web API，如果现在需要有一个用户系统，你可以搭建一套用户的 API 吗？

第 5 章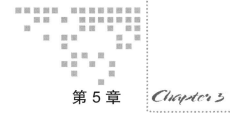

多用户版本应用

随着需求的演化，往往我们会进入到一个恶性循环：产品经理提出需求→程序员编码实现→产品经理觉得需求需要改动→程序员重新来过。这样周而复始，很多程序猿抱怨产品经理为什么不能固化需求，但现实就是这样，需求总是在变化的，我们需要适应需求的变化。个人以为最好的适应方式就是快速开发一个原型，然后试试看，让实际的用户需求和数据来驱动我们的开发。

本章我们会给我们的待办事项应用增加一个需求，然后我们看看怎么来快速构建原型。以及如何使用 VSCode 进行 Debug（竟然现在才提到！）。

5.1 数据驱动开发

第 4 章我们完成的 Todo 的基本功能看起来还不错，但是有个大问题，就是每个用户看到的都是一样的待办事项，我们希望每个用户都拥有自己的待办事项列表。

我们来分析一下怎么做，如果每个 todo 对象带一个 UserId 属性是不是可以解决呢？好像可以，逻辑大概是这样：用户登录后转到 /todo，TodoComponent 得到当前用户的 UserId，然后调用 TodoService 中的方法，传入当前用户的 UserId，TodoService 中按 UserId 去筛选当前用户的 Todos。

但可惜我们目前的 LoginComponent 还是个实验品，很多功能的缺失，我们是先去做

Login 呢，还是利用现有的 Todo 对象先试验一下呢？我个人的习惯是先进行试验。

按之前我们分析的，给 todo 加一个 userId 属性，我们手动给我们目前的数据加上 userId 属性吧。更改 todo\todo-data.json 为下面的样子：

```
{
  "todos": [
    {
      "id": "bf75769b-4810-64e9-d154-418ff2dbf55e",
      "desc": "getting up",
      "completed": false,
      "userId": 1
    },
    {
      "id": "5894a12f-dae1-5ab0-5761-1371ba4f703e",
      "desc": "have breakfast",
      "completed": true,
      "userId": 2
    },
    {
      "id": "0d2596c4-216b-df3d-1608-633899c5a549",
      "desc": "go to school",
      "completed": true,
      "userId": 1
    },
    {
      "id": "0b1f6614-1def-3346-f070-d6d39c02d6b7",
      "desc": "test",
      "completed": false,
      "userId": 2
    },
    {
      "id": "c1e02a43-6364-5515-1652-a772f0fab7b3",
      "desc": "This is a te",
      "completed": false,
      "userId": 1
    }
  ]
}
```

如果你还没有启动 json-server 的话，让我们启动它：json-server ./src/app/todo/todo-data.json，然后打开浏览器在地址栏输入 http://localhost:3000/todos/?userId=2 你会看到只有 userId=2 的 json 被输出了：

```
[
  {
    "id": "5894a12f-dae1-5ab0-5761-1371ba4f703e",
    "desc": "have breakfast",
    "completed": true,
    "userId": 2
  },
  {
    "id": "0b1f6614-1def-3346-f070-d6d39c02d6b7",
    "desc": "test",
    "completed": false,
    "userId": 2
  }
]
```

有兴趣的话可以再试试 http://localhost:3000/todos/?userId=2&completed=false 或其他组合查询。现在 todo 有了 userId 字段，但我们还没有 User 对象，User 的 json 表现形式看起来应该是这样：

```
{
  "id": 1,
  "username": "wang",
  "password": "1234"
}
```

当然这个表现形式有很多问题，比如密码是明文的，这些问题我们先不管，但大概样子是类似的。那么现在如果要建立 User 数据库的话，我们应该新建一个 user-data.json：

```
{
  "users": [
    {
      "id": 1,
      "username": "wang",
      "password": "1234"
    },
    {
      "id": 2,
      "username": "peng",
      "password": "5678"
    }
  ]
}
```

但这样做的话感觉单独为其建一个文件有点儿不值得,我们干脆把 user 和 todo 数据都放在一个文件吧,现在删除 /src/app/todo/todo-data.json,在 src\app 下面新建一个 data.json:

```
{
  "todos": [
    {
      "id": "bf75769b-4810-64e9-d154-418ff2dbf55e",
      "desc": "getting up",
      "completed": false,
      "userId": 1
    },
    {
      "id": "5894a12f-dae1-5ab0-5761-1371ba4f703e",
      "desc": "have breakfast",
      "completed": true,
      "userId": 2
    },
    {
      "id": "0d2596c4-216b-df3d-1608-633899c5a549",
      "desc": "go to school",
      "completed": true,
      "userId": 1
    },
    {
      "id": "0b1f6614-1def-3346-f070-d6d39c02d6b7",
      "desc": "test",
      "completed": false,
      "userId": 2
    },
    {
      "id": "c1e02a43-6364-5515-1652-a772f0fab7b3",
      "desc": "This is a te",
      "completed": false,
      "userId": 1
    }
  ],
  "users": [
    {
      "id": 1,
      "username": "wang",
      "password": "1234"
    },
    {
```

```
      "id": 2,
      "username": "peng",
      "password": "5678"
    }
  ]
}
```

当然，有了数据我们就得有对应的对象，基于同样的理由，我们把所有的 entity 对象都放在一个文件：删除 src\app\todo\todo.model.ts，在 src\app 下新建一个目录 domain，然后在 domain 下新建一个 entities.ts，请别忘了更新所有的引用：

```
export class Todo {
  id: string;
  desc: string;
  completed: boolean;
  userId: number;
}
export class User {
  id: number;
  username: string;
  password: string;
}
```

对于 TodoService 来说，我们可以做的就是按照刚才的逻辑进行改写：删除和切换状态的逻辑不用改，因为是用 Todo 的 ID 标识的。其他的要在访问的 URL 中加入 userId 的参数。添加用户的时候要把 userId 传入：

```
...
addTodo(desc:string): Promise<Todo> {
  let todo = {
    id: UUID.UUID(),
    desc: desc,
    completed: false,
    userId: this.userId
  };
  return this.http
    .post(this.api_url, JSON.stringify(todo), {headers: this.headers})
    .toPromise()
    .then(res => res.json() as Todo)
    .catch(this.handleError);
}
getTodos(): Promise<Todo[]>{
  return this.http.get('${this.api_url}?userId=${this.userId}')
```

```
        .toPromise()
        .then(res => res.json() as Todo[])
        .catch(this.handleError);
  }
  filterTodos(filter: string): Promise<Todo[]> {
    switch(filter){
      case 'ACTIVE': return this.http
          .get('${this.api_url}?completed=false&userId=${this.userId}')
          .toPromise()
          .then(res => res.json() as Todo[])
          .catch(this.handleError);
      case 'COMPLETED': return this.http
          .get('${this.api_url}?completed=true&userId=${this.userId}')
          .toPromise()
          .then(res => res.json() as Todo[])
          .catch(this.handleError);
      default:
        return this.getTodos();
    }
  }
  ...
```

5.2 验证用户账户的流程

我们来梳理一下用户验证的流程：

1）存储要访问的 URL。

2）根据本地的已登录标识判断是否此用户已经登录，如果已登录就直接放行。

3）如果未登录，导航到登录页面让用户填写用户名和密码进行登录。

4）系统根据用户名查找用户表中是否存在此用户，如果不存在此用户，返回错误。

5）如果存在此用户，对比填写的密码和存储的密码是否一致，如果不一致，返回错误。

6）如果一致，存储此用户的已登录标识到本地。

7）导航到原本要访问的 URL 即第一步中存储的 URL，删掉本地存储的 URL。

看上去我们需要实现：

❑ UserService：用于通过用户名查找用户并返回用户。

❑ AuthService：用于认证用户，其中需要利用 UserService 的方法。

❑ AuthGuard：路由拦截器，用于拦截到路由后通过 AuthService 来知道此用户是否有权限访问该路由，根据结果导航到不同路径。 看到这里，你可能有些疑问，为什么我们不把 UserService 和 AuthService 合并呢？这是因为 UserService 是用于对用户的操作的，不光认证流程需要用到它，我们未来要实现的一系列功能都要用到它，比如注册用户，后台用户管理，以及主页要显示用户名称等。

5.2.1 核心模块

根据这个逻辑流程，我们来组织一下代码。开始之前，我们想把认证相关的代码组织在一个新的模块下，我们暂时叫它 core 吧。在 src\app 下新建一个 core 目录，然后在 core 下面新建一个 core.module.ts：

```
import { ModuleWithProviders, NgModule, Optional, SkipSelf } from '@angular/core';
import { CommonModule } from '@angular/common';
@NgModule({
  imports: [
    CommonModule
  ]
})
export class CoreModule {
  constructor (@Optional() @SkipSelf() parentModule: CoreModule) {
    if (parentModule) {
      throw new Error(
        'CoreModule is already loaded. Import it in the AppModule only');
    }
  }
}
```

注意，这个模块和其他模块不太一样，原因是我们希望只在应用启动时导入它一次，而不会在其他地方导入它。在模块的构造函数中我们会要求 Angular 把 CoreModule 注入自身，这看起来像一个危险的循环注入。不过，@SkipSelf 装饰器意味着在当前注入器的所有祖先注入器中寻找 CoreModule。如果该构造函数在我们所期望的 AppModule 中运行，就没有任何祖先注入器能够提供 CoreModule 的实例，于是注入器会放弃查找。默认情况下，当注入器找不到想找的提供商时，会抛出一个错误。但 @Optional 装饰器表示找不到该服务也无所谓。 于是注入器会返回 null，parentModule 参数也就被赋成了空值，而构造函数没有任何异常。

那么我们在什么时候会需要这样一个模块？比如在这个模块中我们可能会要提供用户服务（UserService），这样的服务系统各个地方都需要，但我们不希望它被创建多次，希望它是一个单例。再比如某些只应用于 AppComponent 模板的一次性组件，没有必要共享它们，然而如果把它们留在根目录，还是显得太乱了。我们可以通过这种形式隐藏它们的实现细节，然后通过根模块 AppModule 导入 CoreModule 来获取其能力。

5.2.2 路由守卫

首先我们来看看 Angular 内建的路由守卫机制，在实际工作中我们常常会碰到下列需求：

- 该用户可能无权导航到目标组件。导航前需要用户先登录（认证）。
- 在显示目标组件前，我们可能得先获取某些数据。
- 在离开组件前，我们可能要先保存修改。
- 我们可能要询问用户：你是否要放弃本次更改，而不用保存它们？

我们可以往路由配置中添加守卫，来处理这些场景。守卫返回 true，导航过程会继续；返回 false，导航过程会终止，且用户会留在原地（守卫还可以告诉路由器导航到别处，这样也会取消当前的导航）。

路由器支持多种守卫：

- 用 CanActivate 来处理导航到某路由的情况。
- 用 CanActivateChild 处理导航到子路由的情况。
- 用 CanDeactivate 来处理从当前路由离开的情况。
- 用 Resolve 在路由激活之前获取路由数据。
- 用 CanLoad 来处理异步导航到某特性模块的情况。

在分层路由的每个级别上，我们都可以设置多个守卫。路由器会先按照从最深的子路由由下往上检查的顺序来检查 CanDeactivate 守护条件。然后它会按照从上到下的顺序检查 CanActivate 守卫。如果任何守卫返回 false，其他尚未完成的守卫会被取消，这样整个导航就被取消了。

本例中我们希望用户未登录前不能访问 todo，那么需要使用 CanActivate：

```
import { AuthGuardService } from '../core/auth-guard.service';
const routes: Routes = [
  {
    path: 'todo/:filter',
    canActivate: [AuthGuardService],
    component: TodoComponent
  }
];
```

当然光这么写是没有用的，下面我们来建立一个 AuthGuardService，命令行中键入 ng g s core/auth-guard（angular-cli 对于 Camel 写法的文件名是采用 - 来分隔每个大写的词）：

```
import { Injectable, Inject } from '@angular/core';
import {
  CanActivate,
  Router,
  ActivatedRouteSnapshot,
  RouterStateSnapshot }    from '@angular/router';

@Injectable()
export class AuthGuardService implements CanActivate {

  constructor(private router: Router) { }

  canActivate(route: ActivatedRouteSnapshot, state: RouterStateSnapshot): boolean {
    // 取得用户访问的 URL
    let url: string = state.url;
    return this.checkLogin(url);
  }
  checkLogin(url: string): boolean {
    // 如果用户已经登录就放行
    if (localStorage.getItem('userId') !== null) { return true; }
    // 否则，存储要访问的 URl 到本地
    localStorage.setItem('redirectUrl', url);
    // 然后导航到登录页面
    this.router.navigate(['/login']);
    // 返回 false，取消导航
    return false;
  }
}
```

观察上面代码，我们发现本地存储的 userId 的存在与否决定了用户是否处于已登录的状态，这当然是一个漏洞百出的实现，但我们暂且不去管它。现在我们要在登录时把这个状态值写进去。我们新建一个登录鉴权的 AuthService：ng g s core/auth：

```
import { Injectable, Inject } from '@angular/core';
import { Http, Headers, Response } from '@angular/http';

import 'rxjs/add/operator/toPromise';
import { Auth } from '../domain/entities';

@Injectable()
```

```
export class AuthService {

  constructor(private http: Http, @Inject('user') private userService) { }

  loginWithCredentials(username: string, password: string): Promise<Auth> {
    return this.userService
      .findUser(username)
      .then(user => {
        let auth = new Auth();
        localStorage.removeItem('userId');
        let redirectUrl = (localStorage.getItem('redirectUrl') === null)?
          '/': localStorage.getItem('redirectUrl');
        auth.redirectUrl = redirectUrl;
        if (null === user){
          auth.hasError = true;
          auth.errMsg = 'user not found';
        } else if (password === user.password) {
          auth.user = Object.assign({}, user);
          auth.hasError = false;
          localStorage.setItem('userId',user.id);
        } else {
          auth.hasError = true;
          auth.errMsg = 'password not match';
        }

        return auth;
      })
      .catch(this.handleError);
  }
  private handleError(error: any): Promise<any> {
    console.error('An error occurred', error); // for demo purposes only
    return Promise.reject(error.message || error);
  }
}
```

注意，我们返回了一个 Auth 对象，这是因为我们要知道几件事：

❏ 用户最初要导航的页面 URL。

❏ 用户对象。

❏ 如果发生错误的话，是什么错误，我们需要反馈给用户。

这个 Auth 对象同样在 src\app\domain\entities.ts 中声明：

```
export class Auth {
  user: User;
```

```
  hasError: boolean;
  errMsg: string;
  redirectUrl: string;
}
```

当然我们还得实现 UserService：ng g s user：

```
import { Injectable } from '@angular/core';

import { Http, Headers, Response } from '@angular/http';

import 'rxjs/add/operator/toPromise';
import { User } from '../domain/entities';

@Injectable()
export class UserService {

  private api_url = 'http://localhost:3000/users';

  constructor(private http: Http) { }

  findUser(username: string): Promise<User> {
    const url = '${this.api_url}/?username=${username}';
    return this.http.get(url)
            .toPromise()
            .then(res => {
              let users = res.json() as User[];
              return (users.length>0)?users[0]:null;
            })
            .catch(this.handleError);
  }
  private handleError(error: any): Promise<any> {
    console.error('An error occurred', error); // for demo purposes only
    return Promise.reject(error.message || error);
  }
}
```

这段代码比较简单，就不细讲了。下面我们改造一下 src\app\login\login.component.html，在原来用户名的验证信息下加入，用于显示用户不存在或者密码不对的情况：

```
<div *ngIf="usernameRef.errors?.required">this is required</div>
<div *ngIf="usernameRef.errors?.minlength">should be at least 3 charactors</div>
<!--add the code below-->
<div *ngIf="auth?.hasError">{{auth.errMsg}}</div>
```

接下来我们还得改造 src\app\login\login.component.ts：

```typescript
import { Component, OnInit, Inject } from '@angular/core';
import { Router, ActivatedRoute, Params } from '@angular/router';

import { Auth } from '../domain/entities';

@Component({
  selector: 'app-login',
  templateUrl: './login.component.html',
  styleUrls: ['./login.component.css']
})
export class LoginComponent implements OnInit {

  username = '';
  password = '';
  auth: Auth;

  constructor(@Inject('auth') private service, private router: Router) { }

  ngOnInit() {
  }

  onSubmit(formValue){
    this.service
      .loginWithCredentials(formValue.login.username, formValue.login.password)
      .then(auth => {
        let redirectUrl = (auth.redirectUrl === null)? '/': auth.redirectUrl;
        if(!auth.hasError){
          this.router.navigate([redirectUrl]);
          localStorage.removeItem('redirectUrl');
        } else {
          this.auth = Object.assign({}, auth);
        }
      });
  }
}
```

然后我们别忘了在 core 模块中声明我们的服务 src\app\core\core.module.ts：

```typescript
import { ModuleWithProviders, NgModule, Optional, SkipSelf } from '@angular/core';
import { CommonModule } from '@angular/common';
import { AuthService } from './auth.service';
import { UserService } from './user.service';
import { AuthGuardService } from './auth-guard.service';
```

```
@NgModule({
  imports: [
    CommonModule
  ],
  providers: [
    { provide: 'auth', useClass: AuthService },
    { provide: 'user', useClass: UserService },
    AuthGuardService
    ]
})
export class CoreModule {
  constructor (@Optional() @SkipSelf() parentModule: CoreModule) {
    if (parentModule) {
      throw new Error(
        'CoreModule is already loaded. Import it in the AppModule only');
    }
  }
}
```

最后我们得改写一下 TodoService，因为我们访问的 URL 变了，要传递的数据也有些变化，下面是 todo.service.ts 的代码片段：

```
// POST /todos
addTodo(desc:string): Promise<Todo> {
  //"+" 是一个简易方法可以把 string 转成 number
  const userId:number = +localStorage.getItem('userId');
  let todo = {
    id: UUID.UUID(),
    desc: desc,
    completed: false,
    userId
  };
  return this.http
    .post(this.api_url, JSON.stringify(todo), {headers: this.headers})
    .toPromise()
    .then(res => res.json() as Todo)
    .catch(this.handleError);
}
// GET /todos
getTodos(): Promise<Todo[]>{
  const userId = +localStorage.getItem('userId');
  const url = '${this.api_url}/?userId=${userId}';
  return this.http.get(url)
```

```
      .toPromise()
      .then(res => res.json() as Todo[])
      .catch(this.handleError);
  }

  // GET /todos?completed=true/false
  filterTodos(filter: string): Promise<Todo[]> {
    const userId:number = +localStorage.getItem('userId');
    const url = '${this.api_url}/?userId=${userId}';
    switch(filter){
      case 'ACTIVE': return this.http
        .get('${url}&completed=false')
        .toPromise()
        .then(res => res.json() as Todo[])
        .catch(this.handleError);
      case 'COMPLETED': return this.http
        .get('${url}&completed=true')
        .toPromise()
        .then(res => res.json() as Todo[])
        .catch(this.handleError);
      default:
        return this.getTodos();
    }
  }
}
```

现在应该已经 ok 了，我们来看看效果：用户密码不匹配时，显示 password not match：如图 5.1 所示。

用户不存在时，显示 user not found，如图 5.2 所示。

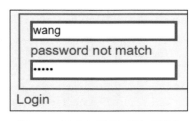

图 5.1　用户密码不匹配时提示

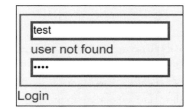

图 5.2　用户不存在的提示

直接在浏览器地址栏输入 http://localhost:4200/todo，你会发现被重新导航到了 login。输入正确的用户名密码后，我们被导航到了 todo，现在每个用户都可以创建属于自己的待办事项了，如图 5.3 所示。

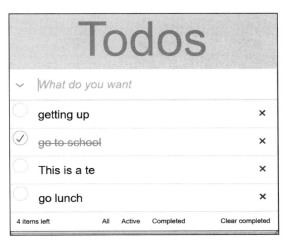

图 5.3　多用户版本的 Todo 列表

5.3　路由模块化

Angular 团队推荐把路由模块化，这样便于使业务逻辑和路由松耦合。虽然暂时在我们的应用中感觉用处不大，但按官方推荐的方式还是和大家一起改造一下吧。删掉原有的 app.routes.ts 和 todo.routes.ts，添加 app-routing.module.ts：

```
import { NgModule }      from '@angular/core';
import { Routes, RouterModule } from '@angular/router';
import { LoginComponent } from './login/login.component';

const routes: Routes = [
  {
    path: '',
    redirectTo: 'login',
    pathMatch: 'full'
  },
  {
    path: 'login',
    component: LoginComponent
  },
  {
    path: 'todo',
    redirectTo: 'todo/ALL'
  }
```

```
  ];

@NgModule({
  imports: [
    RouterModule.forRoot(routes)
  ],
  exports: [
    RouterModule
  ]
})
export class AppRoutingModule {}
```

以及 src\app\todo\todo-routing.module.ts：

```
import { NgModule } from '@angular/core';
import { Routes, RouterModule } from '@angular/router';
import { TodoComponent } from './todo.component';

import { AuthGuardService } from '../core/auth-guard.service';

const routes: Routes = [
  {
    path: 'todo/:filter',
    canActivate: [AuthGuardService],
    component: TodoComponent
  }
];

@NgModule({
  imports: [ RouterModule.forChild(routes) ],
  exports: [ RouterModule ]
})
export class TodoRoutingModule { }
```

并分别在 AppModule 和 TodoModule 中引入路由模块。

5.4 路由的惰性加载——异步路由

在需求和功能不断添加和修改之后，应用的尺寸将会变得更大。在某一个时间点，我们将达到一个顶点，应用将会需要过多的时间来加载。这会带来一定的性能问题。

如何才能解决这个问题呢？Angular 2 引进了异步路由，我们可以惰性加载指定的模块或组件。这样给我们带来了下列好处：

- 可以继续开发我们的新功能，但不再增加初始加载文件的大小。
- 只有在用户请求时才加载特征区。
- 为那些只访问应用程序某些区域的用户加快加载速度。

还是我们一起打造一个例子说明一下，之后大家就可以清楚地理解这个概念了。我们新建一个叫 Playground 的 module。打开一个命令行窗口，输入 ng g m playgorund，这样 Angular CLI 非常聪明的帮我们建立了 PlaygroundModule，不光如此，它还帮我们建立了一个 PlaygroundComponent。因为一般来说，我们新建一个模块肯定会至少有一个组件的。

由于要做惰性加载，我们并不需要在根模块 AppModule 中引入这个模块，所以我们检查一下根模块 src/app/app.module.ts 中是否引入了 PlaygroundModule，如果有，请去掉。

首先为 PlaygroundModule 建立自己模块的路由，我们如果遵守 Google 的代码风格建议的话，那么就应该为每个模块建立独立的路由文件。

```
const routes: Routes = [
  { path: '', component: PlaygroundComponent },
];

@NgModule({
  imports: [ RouterModule.forChild(routes) ],
  exports: [ RouterModule ],
})
export class PlaygroundRoutingModule { }
```

在 rc/app/app-routing.module.ts 中我们要添加一个惰性路由指向 PlaygroundModule

```
import { NgModule }    from '@angular/core';
import { Routes, RouterModule } from '@angular/router';
import { LoginComponent } from './login/login.component';
import { AuthGuardService } from './core/auth-guard.service';

const routes: Routes = [
  {
    path: '',
    redirectTo: 'login',
    pathMatch: 'full'
  },
  ...
  {
    path: 'playground',
```

```
      loadChildren: 'app/playground/playground.module#PlaygroundModule',
  }
];

@NgModule({
  imports: [
    RouterModule.forRoot(routes)
  ],
  exports: [
    RouterModule
  ]
})
export class AppRoutingModule {}
```

在这段代码中我们看到一个新面孔，loadChildren。路由器用 loadChildren 属性来映射我们希望惰性加载的模块文件，这里是 PlaygroundModule。路由器将接收我们的 loadChildren 字符串，并把它动态加载进 PlaygroundModule，它的路由被动态合并到我们的配置中，然后加载所请求的路由。但只有在首次加载该路由时才会这样做，后续的请求都会立即完成。

app/playground/playground.module#PlaygroundModule 这个表达式是这样的规则：模块的路径 # 模块名称。

现在我们回顾一下，在应用启动时，我们并没有加载 PlaygroundModule，因为在 AppModule 中没有它的引用。但是当你在浏览器中手动输入 http://localhost:4200/playground 时，系统在此时加载 PlaygroundModule。

5.5　子路由

程序复杂了之后，一层的路由可能就不够用了，在一个模块内部由于功能较复杂，需要再划分出二级甚至更多级别的路径。这种情况下我们就需要 Angular 2 提供的一个内建功能，叫做子路由。

我们向来认为例子是最好的说明，所以还是来做一个小功能：现在我们需要对一个叫 playground 的路径下添加子路由，子路由有两个：one 和 two。其中 one 下面还有一层路径叫 three。形象的表示一下，就像下面的结构一样：

```
/playground---|
              |/one
```

```
            |--------|three
            |/two
```

那么我们还是先在项目目录输入 ng g c playground/one，然后再执行 ng g c playground/two，还有一个 three，所以再来：ng g c playground/three。

现在我们有了三个组件，看看怎么处理路由吧，原有的模块路由文件如下：

```
import { NgModule } from '@angular/core';
import { Routes, RouterModule } from '@angular/router';

import { PlaygroundComponent } from './playground.component';

const routes: Routes = [
  {
    path: '',
    component: PlaygroundComponent
  },
];

@NgModule({
  imports: [ RouterModule.forChild(routes) ],
  exports: [ RouterModule ],
})
export class PlaygroundRoutingModule { }
```

我们首先需要在模块的根路由下添加 one 和 two，Angular 2 在路由定义数组中对于每个路由定义对象都有一个属性叫做 children，这里就是指定子路由的地方了。所以在下面代码中我们把 one 和 two 都放入了 children 数组中。

```
import { NgModule } from '@angular/core';
import { Routes, RouterModule } from '@angular/router';

import { PlaygroundComponent } from './playground.component';
import { OneComponent } from './one/one.component';
import { TwoComponent } from './two/two.component';

const routes: Routes = [
  {
    path: '',
    component: PlaygroundComponent,
    children: [
      {
        path: 'one',
```

```
      component: OneComponent,
    },
    {
      path: 'two',
      component: TwoComponent
    }
   ]
  },
];

@NgModule({
  imports: [ RouterModule.forChild(routes) ],
  exports: [ RouterModule ],
})
export class PlaygroundRoutingModule { }
```

这只是定义了路由数据,我们还需要在某个地方显示路由指向的组件,那么这里面我们还是在 PlaygroundComponent 的模板中把路由插座放入吧。

```
<ul>
  <li><a routerLink="one">One</a></li>
  <li><a routerLink="two">Two</a></li>
</ul>

<router-outlet></router-outlet>
```

现在我们试验一下,打开浏览器输入 http://localhost:4200/playground(见图 5.4)我们看到两个链接,你可以分别点一下,观察地址栏。应该可以看到,点击 one 时,地址变成 http://localhost:4200/playground/one 在我们放置路由插座的位置也会出现 one works。当然点击 two 时也会有对应的改变。这说明我们的子路由配置好用了!

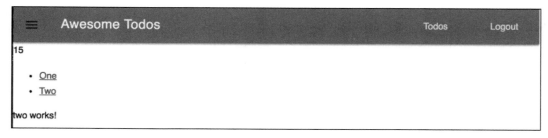

图 5.4 子路由的小例子

当然有的时候还需要更深层级的子路由,其实也很简单。就是重复我们刚才做的就好，只不过要在对应的子路由节点上。下面我们还是演练一下，在点击 one 之后我们希望到达一个有子路由的页面（也就是子路由的子路由）。于是我们在 OneComponent 节点下又加了 children，然后把 ThreeComponent 和对应的路径写入

```
import { NgModule } from '@angular/core';
import { Routes, RouterModule } from '@angular/router';

import { PlaygroundComponent } from './playground.component';
import { OneComponent } from './one/one.component';
import { TwoComponent } from './two/two.component';
import { ThreeComponent } from './three/three.component';

const routes: Routes = [
  {
    path: '',
    component: PlaygroundComponent,
    children: [
      {
        path: 'one',
        component: OneComponent,
        children: [
          {
            path: 'three',
            component: ThreeComponent
          }
        ]
      },
      {
        path: 'two',
        component: TwoComponent
      }
    ]
  },
];

@NgModule({
  imports: [ RouterModule.forChild(routes) ],
  exports: [ RouterModule ],
})
export class PlaygroundRoutingModule { }
```

当然，还是一样，我们需要改造一下 OneComponent 的模板以便于它可以显示子路由的内容。改动 src/app/playground/one/one.component.html 为如下内容。

```
<p>
  one works!
</p>
<ul>
  <li><a routerLink="three">Three</a></li>
</ul>
<router-outlet></router-outlet>
```

这回我们看到如果在浏览器中输入 http://localhost:4200/playground/one/three 会看到如图 5.5 所示的结果。

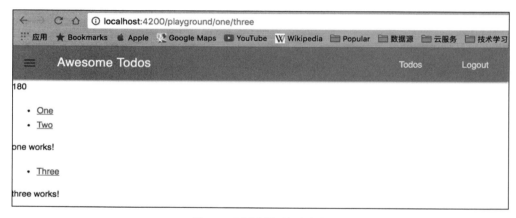

图 5.5　更多层级的子路由

经过这个小练习，相信再复杂的路由你也可以搞定了。但是我要说一句，个人不是很推荐过于复杂的路由（这里指层级嵌套太多）。层级多了之后意味着这个模块太大了，负责了过多它不应该负责的事情。也就是说当要使用子路由时，一定多问自己几遍，这样做是必须的吗？可以用别的方式解决吗？是不是我的模块改拆分了？

5.6　用 VSCode 进行调试

我们一直都没讲如何用 VSCode 进行 debug，这章我们来介绍一下。首先需要安装一个 vscode 插件，点击左侧最下面的图标或者在查看菜单中选择"命令面板"，输入 install，选择"扩展：安装扩展"，然后输入" debugger for chrome "回车，点击"安装"即可，参见图 5.6。

然后点击最左边的倒数第二个按钮，参见图 5.7。

第 5 章 多用户版本应用 ❖ 113

图 5.6 VSCode Chrome 调试插件

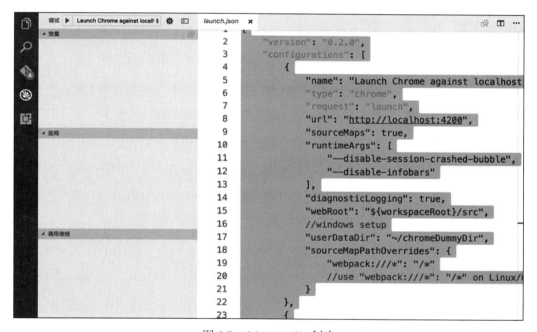

图 5.7 debug profile 创建

如果是第一次使用的话，齿轮图标上会有个红点，点击选择 debugger for chrome，VSCode 会帮你创建一个配置文件，这个文件位于 \.vscode\launch.json，是 debugger 的配置文件，请改写成下面的样子。

> **注意** 如果是 MacOSX 或者 Linux，请把 userDataDir 替换成对应的临时目录，另外把 "webpack:///C:*":"C:/*" 替换成 "webpack:///*": "/*"，这句是因为 angular-cli 采用 webpack 打包，如果没有使用 angular-cli，不需要添加这句。

```json
{
  "version": "0.2.0",
  "configurations": [
    {
      "name": "Launch Chrome against localhost, with sourcemaps",
      "type": "chrome",
      "request": "launch",
      "url": "http://localhost:4200",
      "sourceMaps": true,
      "runtimeArgs": [
        "--disable-session-crashed-bubble",
        "--disable-infobars"
      ],
      "diagnosticLogging": true,
      "webRoot": "${workspaceRoot}/src",
      //windows setup
      "userDataDir": "C:\\temp\\chromeDummyDir",
      "sourceMapPathOverrides": {
        "webpack:///C:*":"C:/*"
        //use "webpack:///*": "/*" on Linux/OSX
      }
    },
    {
      "name": "Attach to Chrome, with sourcemaps",
      "type": "chrome",
      "request": "attach",
      "port": 9222,
      "sourceMaps": true,
      "diagnosticLogging": true,
      "webRoot": "${workspaceRoot}/src",
      "sourceMapPathOverrides": {
        "webpack:///C:*":"C:/*"
      }
    }
  ]
}
```

现在你可以试着在源码中设置一个断点，点击 debug 视图中的 debug 按钮，可以尝试右键点击变量把它放到监视器中，看看变量值或者逐步调试应用，参见图 5.8。

在笔者写书的时间点，由于一些问题（可能是 zone.js 引起的异常），启动 VSCode debug 时可能会自动进入一个断点，如图 5.9 所示，只要点击继续就可以了，并不影响调试。

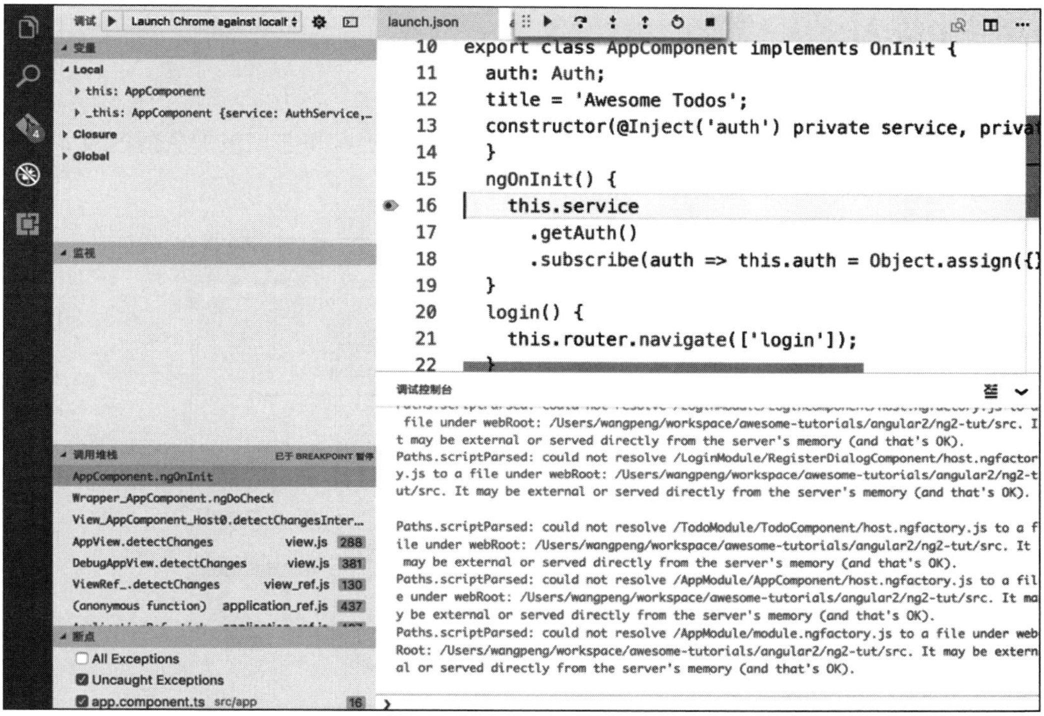

图 5.8 在 VSCode 中 Debug

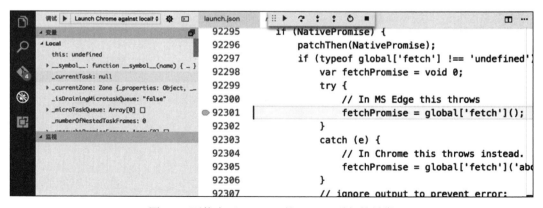

图 5.9 可能由于 Angular 的 zone.js 引起的异常

本章代码：https://github.com/wpcfan/awesome-tutorials/tree/chap05/angular2/ng2-tut
打开命令行工具使用 git clone https://github.com/wpcfan/awesome-tutorials 下载。
然后键入 git checkout chap05 切换到本章代码。

5.7 小练习

1. 试着把 Todo 也变成惰性加载的形式该怎么做？自己动手试试看。
2. 在 Chrome 的开发者工具的 Network 监视器看看加载元素和它们被加载的速度，觉得还有哪些性能瓶颈？如图 5.10 所示。

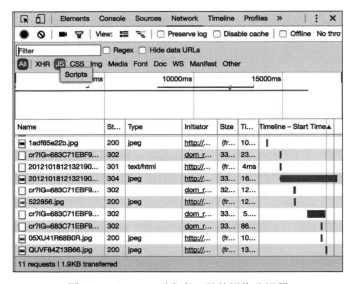

图 5.10　Chrome 开发者工具的网络监视器

3. 在程序中找几个你感兴趣的位置，设置断点，用 VSCode 调试一下，看看程序不同位置的变量值是什么。

第 6 章 Chapter 6

使用第三方样式库及模块优化

上一章讲了模块的概念，本章我们要看一下有哪些官方推荐的关于模块的最佳实践，根据这些方法我们一起来优化模块。

一直我们使用的都是开发环境，但产品上线怎么办呢？Angular CLI 就是为了简化大家的流程而设计的，当然会考虑发布到生产环境这个环节，这一章我们来试一下。

很多时候我们会引入第三方的样式库，接下来，我们会一起学习如何在 Angular 2 中使用第三方样式库。

在实际工作中，我们不止会碰到父组件和子组件的通信，更多时候我们会有不同模块的组件需要通信，这种情况就需要我们引入 Rx 来使用观察者模式进行消息的传递了。

6.1 生产环境初体验

用 angular-cli 命令建立生产环境是非常简单的，只需输入 ng build --prod --aot 即可。--prod 会使用生产环境的配置文件，--aot 会使用 AOT 替代 JIT 进行编译。现在实验一下，会看到类似下面的输出：

```
wangpengdeMacBook-Pro:hello-angular wangpeng$ ng build --prod --aot
19115ms building modules
120ms sealing
```

```
13ms optimizing
0ms basic module optimization
140ms module optimization
10ms advanced module optimization
55ms basic chunk optimization
0ms chunk optimization
37ms advanced chunk optimization
2540ms building modules
0ms module and chunk tree optimization
208ms module reviving
1ms module order optimization
4ms module id optimization
5ms chunk reviving
0ms chunk order optimization
42ms chunk id optimization
992ms hashing
0ms module assets processing
112ms chunk assets processing
4ms additional chunk assets processing
1ms recording
10619ms additional asset processing
3397ms chunk asset optimization
106ms asset optimization
133ms emitting
Hash: 58f5430a7505810001b6
Version: webpack 2.1.0-beta.25
Time: 37686ms
                                     Asset     Size  Chunks         Chunk Names
       styles.b2328beb0372c051d06d.bundle.js  146 bytes   2, 3  [emitted] styles
         0.d2cfd93736d4b05011c6.bundle.map    2.94 kB         [emitted]
         0.d018a653e528bccf5b56.bundle.map    3.71 kB         [emitted]
         0.4df45c7fe362aa76d04d.bundle.map    4.33 kB         [emitted]
         0.ba72f3cc4e701be67def.bundle.map    3.9 kB          [emitted]
         0.87e1229c55dca4cb07d2.bundle.map    3.54 kB         [emitted]
         0.62cdfb4a7efe41d55230.bundle.map    3.28 kB         [emitted]
         0.8b09b0cdc0dd8d0fa1fc.bundle.map    3.04 kB         [emitted]
         0.688d48f52a362bd543fc.bundle.map    2.98 kB         [emitted]
         0.d25d9bcd4491b5cdbf80.chunk.js     8.83 kB    0, 3  [emitted]
```

执行生产环境编译

仔细看一下命令行输出，我们应该可以猜到 Angular 移除了一些没有用到的类库（Google 称之为 Shaking 过程），对 js 和 css 等进行了压缩等优化工作。Angular 在我们的项目根目录下建立了一个 dist 文件夹，用于生产环境的文件就输出在这个文件夹了，如

第 6 章　使用第三方样式库及模块优化　◆◆◆　119

图 6.1 所示。

```
0.3a6bce6ca13625f2426a.bundle.map        2016/11/29 1:30    MAP 文件        5 KB
0.3ffaf3fd9d867da31a8c.bundle.map        2016/11/29 1:30    MAP 文件        5 KB
0.428e1ef3285218609Fd4.bundle.map        2016/11/29 1:30    MAP 文件        4 KB
0.688d48f52a362...   类型: MAP 文件      016/11/29 1:30    MAP 文件        3 KB
0.b79f0eeb945e2...   大小: 4.40 KB       016/11/29 1:30    MAP 文件        5 KB
                     修改日期: 2016/11/29 1:30
0.be6cd9a0e8652c6cef95.bundle.map        2016/11/29 1:30    MAP 文件        3 KB
0.ddcfb74954adf060054a.bundle.map        2016/11/29 1:30    MAP 文件        5 KB
favicon                                  2016/11/29 1:30    图标            6 KB
index                                    2016/11/29 1:30    HTML 文件       1 KB
inline.d41d8cd98f00b204e980.bundle       2016/11/29 1:30    JavaScript 源文件  2 KB
inline.d41d8cd98f00b204e980.bundle.m...  2016/11/29 1:30    MAP 文件       14 KB
main.c5f55e8b75bea5955fe4.bundle         2016/11/29 1:30    JavaScript 源文件 759 KB
main.c5f55e8b75bea5955fe4.bundle.js.gz   2016/11/29 1:30    GZ 文件         157 KB
main.c5f55e8b75bea5955fe4.bundle.map     2016/11/29 1:30    MAP 文件    5,770 KB
styles.b2328beb0372c051d06d.bundle       2016/11/29 1:30    JavaScript 源文件   1 KB
styles.b2328beb0372c051d06d.bundle....   2016/11/29 1:30    MAP 文件        1 KB
styles.c31ec254a3fa75c126ac429ca4184...  2016/11/29 1:30    层叠样式表文档    1 KB
```

图 6.1　生产环境输出的文件

我们安装一个 http-server，npm i -g http-server，然后在 dist 目录键入 http-server。打开浏览器进入 http://localhost:8080，我们会看到网页打开了。但如果打开 console，或者试着登录一下，你会发现存在很多错误，参见图 6.2。

```
EXCEPTION: Uncaught (in promise): TypeError: Cannot read property 'registerControl' of null     error handler.js:47
TypeError: Cannot read property 'registerControl' of null
    at http://localhost:8080/main.c5f55e8b75bea5955fe4.bundle.js:211:1086
    at t.invoke (http://localhost:8080/main.c5f55e8b75bea5955fe4.bundle.js:1486:5918)
    at Object.onInvoke (http://localhost:8080/main.c5f55e8b75bea5955fe4.bundle.js:449:2659)
    at t.invoke (http://localhost:8080/main.c5f55e8b75bea5955fe4.bundle.js:1486:5869)
    at n.run (http://localhost:8080/main.c5f55e8b75bea5955fe4.bundle.js:1486:3305)
    at http://localhost:8080/main.c5f55e8b75bea5955fe4.bundle.js:1486:1407
    at t.invokeTask (http://localhost:8080/main.c5f55e8b75bea5955fe4.bundle.js:1486:6547)
    at Object.onInvokeTask (http://localhost:8080/main.c5f55e8b75bea5955fe4.bundle.js:449:2559)
```

图 6.2　由于未配置 Hash 造成的错误

这是由于 angular-cli 命令当前的 bug 产生的，目前需要对路由做 hash 处理：

```
...
@NgModule({
  imports: [
    RouterModule.forRoot(routes, { useHash: true })
  ],
  exports: [
    RouterModule
  ]
})
...
```

只需在 app-routing.module.ts 中为 RouterModule 配置 { useHash: true } 的属性即可。这样，Angular 会在 URL 上加上一个 #，比如 login 的 URL 现在是 http://localhost:8080/#/login。

这样改动后，功能又好用了。以后如果我们的项目需要发布到生产环境中，利用 angular-cli 就可以很方便地处理了。然后我们回到开发环境，请关掉 8080 端口的 http 服务器，并删掉 dist。

> 注：1.0.0-beta.22-1 修复了这个 bug，所以如果你安装的版本是 22-1 或更高版本，可以不使用上面的 hash 方法，低于此版本的才需要这么做。

6.2 更新 angular-cli 的方法

由于 angular-cli 版本仍处于快速迭代中，因此可能会需要不时安装新版本，这里介绍一下怎么升级 angular-cli。首先到 https://github.com/angular/angular-cli/releases 查看是否有新版本，参见图 6.3。当然，也要查看新版本修复了哪些 bug，如果这个问题是目前你需要解决的，那么就应该安装这个新版本了。

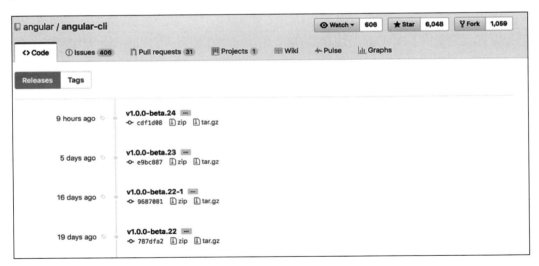

图 6.3　angular-cli 的 release 页面

安装的过程是这样的，首先卸载 angular-cli，在命令行中键入 npm uninstall –g angular-cli。卸载完成后清理缓存，键入 npm cache clean，这个时间会比较长，请耐心等待其完成。完成后再次安装 angular-cli，使用 npm install -g angular-cli@latest。

6.3 第三方样式库

之前我们使用的是自己为各个组件写样式的方法,其实 Angular 团队有一套官方的符合 Material Design 的内建组件库:https://github.com/angular/material2(这个库还属于早期阶段,很多控件不可用,所以大家可以关注,但现阶段不建议在生产环境中使用)。

除了官方之外,目前有大量的比较成熟的样式库,比如 bootstrap、material-design-lite 等。本节以 material-design-lite 为例来看一下怎么使用这些样式库。Material Desing Lite 是 Google 为 Web 开发的一套基于 Material Design 的样式库。由于是 Google 开发的,所以你访问之前要科学上网。

我们当然可以直接使用官方的 CSS 库,但是有好心人已经帮我们封装成了比较好用的组件模块了,组件模块的好处是可以使模板写起来更简洁,而且易于扩展。现在打开一个 terminal,输入 npm install --save angular2-mdl。然后在你需要使用 MDL 组件的模块中引入 MdlModule。我们首先希望改造一下 AppComponent,目前它只有一句简陋的文字输出:

```
<mdl-layout mdl-layout-fixed-header mdl-layout-header-seamed>
  <mdl-layout-header>
    <mdl-layout-header-row>
      <mdl-layout-title>Awesome Todos</mdl-layout-title>
      <mdl-layout-spacer></mdl-layout-spacer>
      <!-- Navigation. We hide it in small screens. -->
      <nav class="mdl-navigation">
        <a class="mdl-navigation__link">Logout</a>
      </nav>
    </mdl-layout-header-row>
  </mdl-layout-header>
  <mdl-layout-drawer>
    <mdl-layout-title>Title</mdl-layout-title>
    <nav class="mdl-navigation">
      <a class="mdl-navigation__link">Link</a>
    </nav>
  </mdl-layout-drawer>
  <mdl-layout-content class="content">
    <router-outlet></router-outlet>
  </mdl-layout-content>
</mdl-layout>
```

这段代码里面 mdl 开头的标签都是我们刚引入的组件库封装的组件,具体的用法可以参考 http://mseemann.io/angular2-mdl/ 和 https://getmdl.io 中的文档资料。

<mdl-layout></mdl-layout> 是一个布局组件，mdl-layout-fixed-header 是一个可以让 header 固定在页面顶部的属性，mdl-layout-header-seamed 用于使 header 没有阴影。mdl-layout-header 是一个顶部组件，mdl-layout-header-row 是在顶部组件中形成一行的容器。

mdl-layout-spacer 是一个占位的组件，它会把组件剩余位置占满，防止出现错位。mdl-layout-drawer 是一个抽屉组件，和 Android 的标准应用类似，点击顶部菜单图标会从侧面滑出一个菜单。别忘了在 AppModule 中引入：

```
...
import { MdlModule } from 'angular2-mdl';
...
@NgModule({
  ...
  imports: [
    ...
    MdlModule,
    ...
  ],
  bootstrap: [AppComponent]
})
export class AppModule { }
```

为了使用，我们还需要对颜色做个定制，这个定制需要使用一种 CSS 的预编译技术（叫 SASS），需要建立一个 src\styles.scss，然后定义 Material Design 的颜色，具体颜色名字的定义是在 Google 调色板类中定义的，可以查看 http://mseemann.io/angular2-mdl/theme，如图 6.4 所示。

```
@import "~angular2-mdl/scss/color-definitions";

$color-primary: $palette-blue-500;
$color-primary-dark: $palette-blue-700;
$color-accent: $palette-amber-A200;
$color-primary-contrast: $color-dark-contrast;
$color-accent-contrast: $color-dark-contrast;

@import '~angular2-mdl/scss/material-design-lite';
```

Material Design 中区分主色（Primary）和配色（Accent），比如像图中的颜色搭配，主色是 blue，在 scss 中我们可以设置 $color-primary: $palette-blue-500;，500 指的是颜色深度。如果想更深一些，就指定成 600、900 等，可以自己实验一下。

图 6.4 Material Design 调色板

类似的配色 pink，就可以设置 $color-accent: $palette-pink-300;。那么 $color-primary-dark 是什么意思呢？顾名思义，它是更深的主色的意思，Material Design 的主要设计目标也是以色彩和动画的变化来给用户不同的体验，所以主色尽量不要过深，因为还有更深的主色需要定义。

由于我们使用的 CLI 并不知道我们采用了预编译的 CSS，所以需要改一下 angular-cli.json，把 styles 改写成下面的样子：

```
"styles": [
    "styles.scss"
],
```

保存后，打开浏览器看一下效果，如图 6.5 所示。

图 6.5 应用了 MDL 布局的首页头部

我们接下来改造一下 login 的模板：

```
<div>
```

```
<form (ngSubmit)="onSubmit()">
  <mdl-textfield
    type="text"
    label="Username..."
    name="username"
    floating-label
    required
    [(ngModel)]="username"
    #usernameRef="ngModel"
    >
  </mdl-textfield>
  <div *ngIf="auth?.hasError" >
    {{auth?.errMsg}}
  </div>
  <mdl-textfield
    type="password"
    label="Password..."
    name="password"
    floating-label
    required
    [(ngModel)]="password"
    #passwordRef="ngModel">
  </mdl-textfield>
  <button
    mdl-button mdl-button-type="raised"
    mdl-colored="primary"
    mdl-ripple type="submit">
    Login
  </button>
</form>
</div>
```

由于采用了符合 Material Design 的组件，我们就不需要原来用于验证的 div 了，如图 6.6 所示。

图 6.6　采用 Material Design 风格的表单控件

下面看一下 Todo，原来我们在 CSS 中用了 SVG 来改写复选框的样子，现在我们试试用 mdl 来做。在 todo-list.component.html 中把 ToggleAll 改写成下面的样子：

```
<mdl-icon-toggle class="toggle-all" [mdl-ripple]="true" (click)="onToggleAllTr
  iggered()">expand_more</mdl-icon-toggle>
```

这个标签用于把一个图标修改成复选框，这里用到了 Google 的 icon font，所以需要在 index.html 中引入：

```
<!doctype html>
<html>
<head>
  ...
  <link rel="stylesheet" href="https://fonts.lug.ustc.edu.cn/icon?family=
    Material+Icons">
</head>
<body>
  <app-root>Loading...</app-root>
</body>
</html>
```

我们用了中国科大的镜像，因为是 Google 的产品。当然，TodoItem 模板中的 checkbox 也需要改造成：

```
<mdl-icon-toggle (click)="toggle()" [(ngModel)]="isChecked">check_circle</mdl-
  icon-toggle>
```

Todo 变成下面的样子，也还不错，如图 6.7 所示。

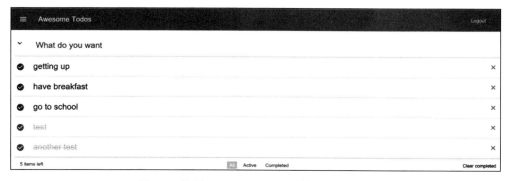

图 6.7　使用 Material Design 风格的 Todo List

6.4　第三方 JavaScript 类库的集成方法

我们在做项目时，会引入很多 JavaScript 类库，那么这些类库可以在 Angular 2 中使用吗？当然，但如果你用的是 Angular 2 + TypeScript，就需要一些额外工作。这是由于 TypeScript 是一种强类型语言，所以对于第三方类库，我们需要知道它们的 JavaScript 里面暴露给外部使用的这些对象和方法的类型定义是什么。

这个类型定义文件长什么样呢？我们来看一看，你可以进入项目下的 node_modules 中的 @angular/common/src/directives/ng_class.d.ts：

```
/**
 * @license
 * Copyright Google Inc. All Rights Reserved.
 *
 * Use of this source code is governed by an MIT-style license that can be
 * found in the LICENSE file at https://angular.io/license
 */
import { DoCheck, ElementRef, IterableDiffers, KeyValueDiffers, Renderer }
    from '@angular/core';
/**
 * @ngModule CommonModule
 *
 * @whatItDoes Adds and removes CSS classes on an HTML element.
 *
 * @howToUse
 * ```
 *     <some-element [ngClass]="'first second'">...</some-element>
 *
 *     <some-element [ngClass]="['first', 'second']">...</some-element>
 *
 *     <some-element [ngClass]="{'first': true, 'second': true, 'third': false}">...
 *        </some-element>
 *
 *     <some-element [ngClass]="stringExp|arrayExp|objExp">...</some-element>
 * ```
 *
 * @description
 *
 * The CSS classes are updated as follows, depending on the type of the expression
 *     evaluation:
 * - 'string' - the CSS classes listed in the string (space delimited) are added,
 * - 'Array' - the CSS classes declared as Array elements are added,
 * - 'Object' - keys are CSS classes that get added when the expression given in
 *     the value
 *              evaluates to a truthy value, otherwise they are removed.
 *
 * @stable
```

```
    */
export declare class NgClass implements DoCheck {
    private _iterableDiffers;
    private _keyValueDiffers;
    private _ngEl;
    private _renderer;
    private _iterableDiffer;
    private _keyValueDiffer;
    private _initialClasses;
    private _rawClass;
    constructor(_iterableDiffers: IterableDiffers, _keyValueDiffers: KeyValueDiffers,
      _ngEl: ElementRef, _renderer: Renderer);
    klass: string;
    ngClass: string | string[] | Set<string> | {
        [klass: string]: any;
    };
    ngDoCheck(): void;
    private _cleanupClasses(rawClassVal);
    private _applyKeyValueChanges(changes);
    private _applyIterableChanges(changes);
    private _applyInitialClasses(isCleanup);
    private _applyClasses(rawClassVal, isCleanup);
    private _toggleClass(klass, enabled);
}
```

可以看到这个文件其实就是用来做类型定义声明的，我们一般把这种以 .d.ts 后缀结尾的文件叫做类型定义（Type Definition）文件。有了这个声明定义，我们就可以在 TypeScript 中使用了。这个文件看起来也挺麻烦的，事实上，真正需要你自己动手写的类库很少。我们来看一下集成第三方类库的一般过程是什么样子的。

我们拿百度的 echarts（https://github.com/ecomfe/echarts）图表类库的集成来说明一下。我们先安装其 npm 包，在命令行窗口输入 npm install --save echarts，如图 6.8 所示。

图 6.8　安装 echarts 的 npm 包

然后，我们安装其类型定义文件，在命令行窗口输入 npm install --save-dev @types/echarts。

注意两件事，首先，我们安装时使用了 --save-dev 开关，因为这个类型定义文件只在开发时有用，它并不是我们项目的依赖，只是为了编写时的方便。

第二件事是我们使用了 @types/echarts 这样一个有点怪的名称，其实是这样的，微软维护了一个海量的类型定义数据中心，这个就是 @types。那么我们为了寻找 echarts 就会在 @types 这个目录下搜索它的二级目录，如图 6.9 所示。

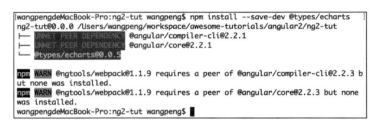

图 6.9　安装类型定义文件

这样安装之后，你可以在本地目录下的 node_modules/@types/echarts/index.d.ts 找到 echarts 的定义：

```
// Type definitions for echarts
// Project: http://echarts.baidu.com/
// Definitions by: Xie Jingyang <https://github.com/xieisabug>
// Definitions: https://github.com/DefinitelyTyped/DefinitelyTyped

declare namespace ECharts {
  function init(dom:HTMLDivElement|HTMLCanvasElement, theme?:Object|string, opts?:{
    devicePixelRatio?: number
    renderer?: string
  }):ECharts;

  …// 此处省略大部分声明，可以查阅本地文件
}

declare module "echarts" {
  export = ECharts;
}
```

一般情况下，到这一步就结束了。此时，我们可以试验一下是否可以使用了，在一个组件文件中尝试引入 echarts，如果你看到了智能提示中有你希望引入的类库中的方法或对象，那就一切顺利。接下来，就可以正常使用这个类库了，如图 6.10 所示。

但有的时候，我们执行第二步 npm install --save-dev @types/echarts 时，会发现没有找到对应的类型定义文件。这个时候怎么办呢？

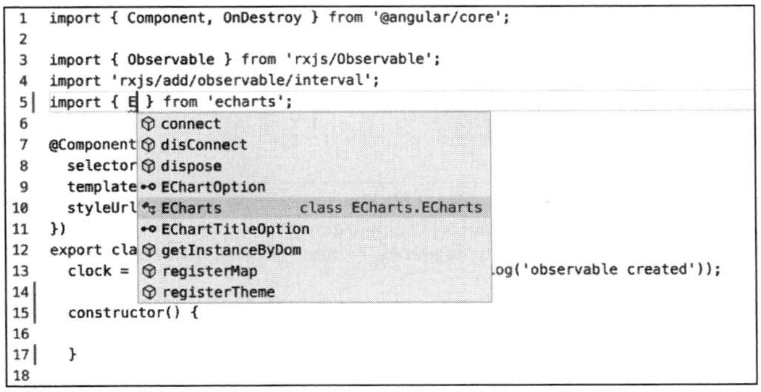

第 6 章 使用第三方样式库及模块优化

```
 1  import { Component, OnDestroy } from '@angular/core';
 2
 3  import { Observable } from 'rxjs/Observable';
 4  import 'rxjs/add/observable/interval';
 5  import { E } from 'echarts';
 6         connect
 7  @Component  disConnect
 8    selector  dispose
 9    template  EChartOption
10    styleUrl  ECharts       class ECharts.ECharts
11  })        ECartTitleOption
12  export cla  getInstanceByDom
13    clock =   registerMap       og('observable created'));
14           registerTheme
15    constructor() {
16
17    }
18
```

图 6.10 引入 echarts 看到智能提示

这时候要分两种情况看，首先应该去检查一下 node_modules 目录中你要使用的类库子目录（本例中是 echarts）中是否有类型定义文件，因为有的类库会把类型定义文件直接打包在 npm 的包中。比如我们前几章接触的 angular-uuid，这个类库其实就是直接把类型定义文件打包在 npm package 中的。如图 6.11 所示，如果是这种情况，那么我们什么都不需要做，直接使用就好了。

图 6.11 有的类库直接将类型定义打包在 npm 中

如果 npm 包中也没有，那么我们来看一下怎么做。我们假设 echarts 在 @types 下没有这个类型定义。为了模拟这种场景，我们首先删除刚刚安装的类型定义，用 npm uninstall --save-dev @types/echarts 删除，如图 6.12 所示。

```
[wangpengdeMacBook-Pro:ng2-tut wangpeng$ npm uninstall --save-dev @types/echart
- @types/echarts@0.0.5 node_modules/@types/echarts
npm WARN @ngtools/webpack@1.1.9 requires a peer of @angular/compiler-cli@2.2.3 b
ut none was installed.
npm WARN @ngtools/webpack@1.1.9 requires a peer of @angular/core@2.2.3 but none
was installed.
wangpengdeMacBook-Pro:ng2-tut wangpeng$
```

图 6.12　删除 echarts 的类型定义

然后我们安装一个工具 typings，这个工具是 TypeScript 1.x 时代微软提供的，使用 npm install --global typings 安装。然后我们使用 typings search echarts 看看是否有相关的类型定义文件，如图 6.13 所示。

```
[wangpengdeMacBook-Pro:ng2-tut wangpeng$ typings search echarts
Viewing 1 of 1

NAME      SOURCE HOMEPAGE                 DESCRIPTION VERSIONS UPDATED

echarts   dt     http://echarts.baidu.com/             1       2016-10-05T18:40:0
0.000Z
```

图 6.13　利用 typings 查找类型定义文件

这时我们发现找到了一条记录，当然有时你可能找到多条记录，这是由于这个类型定义的数据中心是开源，由开发者自由贡献。这种时候建议选择更新时间较近的那个。请注意图 6.13 中 Source 那一栏，它表明了来源，在安装的时候需要指明其来源，具体就是在包名前添加一个 ~。

既然找到了，我们就来安装一下，在项目目录开启命令行，然后输入 typings install --global dt~echarts，如图 6.14 所示。

```
[wangpengdeMacBook-Pro:ng2-tut wangpeng$ typings install --global dt~echarts
echarts
└── (No dependencies)
```

图 6.14　利用 typings 安装类型定义

这个命令会在项目根目录下建立一个叫 typings 的目录，在这个目录中你可以找到刚刚安装的 echarts 定义文件，如图 6.15 所示。

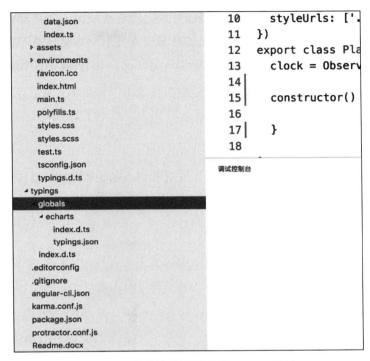

图 6.15　在项目根目录下的 typings 目录

找到后，可以在 src/typings.d.ts 中加上一行（注意，并不是 typings 目录中的，而是项目目录 src 下的），它变成下面的样子：

```
// Typings reference file, you can add your own global typings here
// https://www.typescriptlang.org/docs/handbook/writing-declaration-files.html
/// <reference path="../typings/globals/echarts/index.d.ts" />
```

你可能会奇怪为什么加一行注释呢？但这个注释和其他的注释不太一样，是三个 /，而不是两个。因为这是微软自己用于解析类型定义引用的特殊"注释"。这样改完后，我们就可以正常编码了。

当然还有一种情形就是，这样也找不到，或者这个类库是我们的团队已有的或自己写的等等情况。这时候就得自己写一下，也很简单，在 src/typings.d.ts 中加上一行：

```
declare module 'echarts';
```

然后在要使用此类库的组件中引入：

```
import * as echarts from 'echarts';
```

后面就可以正常使用了，当然这种添加方式是没有智能提示和自动完成的，你需要自己保证调用的正确性。如果觉得不爽，还是希望有提示、类型检查等等，那就得自己写一个类型定义文件了，可以参考 https://basarat.gitbooks.io/typescript/content/docs/types/ambient/d.ts.html 去编写自己的类型定义文件。

6.5 模块优化

现在仔细看一下我们的各个模块定义，发现我们不断地重复引入了 CommonModule、FormsModule、MdlModule，这些如果在大部分的组件中都会用到话，我们不妨建立一个 SharedModule（src\app\shared\shared.module.ts）：

```typescript
import { NgModule } from '@angular/core';
import { CommonModule } from '@angular/common';
import { FormsModule } from '@angular/forms';
import { MdlModule } from 'angular2-mdl';

@NgModule({
  imports: [
    CommonModule,
    FormsModule,
    MdlModule
  ],
  exports: [
    CommonModule,
    FormsModule,
    MdlModule
  ]
})
export class SharedModule { }
```

这个模块的作用是把常用的组件和模块打包起来（虽然现在没有组件，只是把常用的模块导入又导出），这样，在其他模块中只需引入这个模块即可，比如 TodoModule 现在看起来是下面的样子：

```typescript
...
import { SharedModule } from '../shared/shared.module';
...
@NgModule({
  imports: [
    SharedModule,
```

```
    ...
  ],
  declarations: [
    TodoComponent,
    ...
  ],
  providers: [
    {provide: 'todoService', useClass: TodoService}
    ],
})
export class TodoModule {}
```

关于模块的最佳实践

Angular 团队对于共享特性模块有如下建议：

- 坚持在 shared 目录中创建名叫 SharedModule 的特性模块（例如在 app/shared/shared.module.ts 中定义 SharedModule）。
- 坚持把可能被应用其他特性模块使用的公共组件、指令和管道放在 SharedModule 中，这些资产倾向于共享自己的新实例（而不是单例）。
- 坚持在 SharedModule 中导入所有模块都需要的资产（例如 CommonModule 和 FormsModule）。
- 坚持在 SharedModule 中声明所有组件、指令和管道。
- 坚持从 SharedModule 中导出其他特性模块所需的全部符号。
- 避免在 SharedModule 中指定应用级的单例服务提供商。但如果是故意设计的单例也可以，不过还是要小心。

很显然，我们的共享模块还没有全部做到，大家可以作为练习自己试验一下。

同样，对于核心特性模块，官方的建议是：

- 坚持把那些"只用一次"的类收集到 CoreModule 中，并对外隐藏它们的实现细节。简化的 AppModule 会导入 CoreModule，并且把它作为整个应用的总指挥。
- 坚持在 core 目录下创建一个名叫 CoreModule 的特性模块（例如在 app/core/core.module.ts 中定义 CoreModule）。
- 坚持把一个要共享给整个应用的单例服务放进 CoreModule 中（例如 ExceptionService 和 LoggerService）。
- 坚持导入 CoreModule 中的资产所需要的全部模块（例如 CommonModule 和

FormsModule）。
- 坚持把应用级、只用一次的组件收集到 CoreModule 中。只在应用启动时从 AppModule 中导入它一次，以后再也不要导入它（例如 NavComponent 和 SpinnerComponent 等）。
- 坚持从 CoreModule 中导出 AppModule 需导入的所有符号，使它们在所有特性模块中可用。
- 坚持防范多次导入 CoreModule，并通过添加守卫逻辑来尽快失败。
- 避免在 AppModule 之外的任何地方导入 CoreModule。

6.6 多个不同组件间的通信

下面我们要实现这样一个功能：在用户未登录时，顶部菜单中只有 Login 一个链接可见，用户登录后，顶部菜单中有三个链接，一个是 Todo，一个是用户个人信息，另一个是 Logout。按这个需求将顶部菜单改造成如下：

```html
<!--src\app\app.component.html-->
<mdl-layout mdl-layout-fixed-header mdl-layout-header-seamed>
  <mdl-layout-header>
    <mdl-layout-header-row>
      <mdl-layout-title>{{title}}</mdl-layout-title>
      <mdl-layout-spacer></mdl-layout-spacer>
      <!-- Navigation. We hide it in small screens. -->
      <nav class="mdl-navigation" *ngIf="auth?.user?.username !== null">
        <a class="mdl-navigation__link" routerLink="todo">Todos</a>
      </nav>
      <nav class="mdl-navigation" *ngIf="auth?.user?.username !== null">
        <a class="mdl-navigation__link" routerLink="profile">{{auth.user.username}}
        </a>
      </nav>
      <nav class="mdl-navigation">
        <a class="mdl-navigation__link" *ngIf="auth?.user?.username === null"
          (click)="login()">
          Login
        </a>
        <a class="mdl-navigation__link" *ngIf="auth?.user?.username !== null"
          (click)="logout()">
          Logout
        </a>
```

```
      </nav>
    </mdl-layout-header-row>
  </mdl-layout-header>
  <mdl-layout-drawer>
    <mdl-layout-title>{{title}}</mdl-layout-title>
    <nav class="mdl-navigation">
      <a class="mdl-navigation__link">Link</a>
    </nav>
  </mdl-layout-drawer>
  <mdl-layout-content class="content">
    <router-outlet></router-outlet>
  </mdl-layout-content>
</mdl-layout>
```

这样改造完后的页面结构是顶部菜单只加载一次，底下的内容随着不同路由显示不同内容。但如果我们要在 login 后顶部菜单也随之改变的话，一定要实现某种通信机制。前面我们讲过 EventEmiiter，当然我们可以将整个页面当成父控件，顶部菜单是子控件的形式，但这时你发现由于我们是用路由插座（<router-outlet></router-outlet>）来显示内容的，所以无法采用子控件的形式传递信息。

这种情况就要引入 Rx 了，Rx 的学习门槛较高，也不是本教程的重点，但我还是这里尝试着解释一下。Rx 是响应式编程的利器，它的学习门槛来自于思维方式的转变，从传统的编程思维转成流式思维：总体来看 Rx 是一个数据流或信号流，所有的操作符都是为了对这个流进行控制。写 Rx 时要对系统数据或信号的完整逻辑流程先想清楚，然后就比较好写了。

其实在 Angular 2 中，Rx 是无处不在的，还记得我们之前总用到 toPromise() 这个方法吗？其实这个方法是给不太熟悉 Rx 的人用的，Angular 本身返回的就是 Observable。我们现在把 UserService 改成 Rx 版本：

```
import { Injectable } from '@angular/core';

import { Http, Headers, Response } from '@angular/http';
import { Observable } from 'rxjs/Rx';
import 'rxjs/add/operator/map';

import { User } from '../domain/entities';

@Injectable()
export class UserService {
```

```typescript
  private api_url = 'http://localhost:3000/users';

  constructor(private http: Http) { }

  getUser(userId: number): Observable<User> {
    const url = '${this.api_url}/${userId}';
    return this.http.get(url)
            .map(res => res.json() as User);
  }
  findUser(username: string): Observable<User> {
    const url = '${this.api_url}/?username=${username}';
    return this.http.get(url)
            .map(res => {
              let users = res.json() as User[];
              return (users.length>0) ? users[0] : null;
            });
  }
}
```

大家可能注意到了，其实有没有 Promise 都无所谓，大概的写法也是类似的，只不过返回的是 Observable。这里改了之后，相关调用的地方都要改一下，比如 LoginComponent：

```typescript
import { Component, Inject } from '@angular/core';
import { Router, ActivatedRoute, Params } from '@angular/router';
import { Auth } from '../domain/entities';
@Component({
  selector: 'app-login',
  templateUrl: './login.component.html',
  styleUrls: ['./login.component.css']
})
export class LoginComponent {

  username = '';
  password = '';
  auth: Auth;
  constructor(@Inject('auth') private service, private router: Router) { }

  onSubmit(){
    this.service
      .loginWithCredentials(this.username, this.password)
      .subscribe(auth => {
        this.auth = Object.assign({}, auth);
        if(!auth.hasError){
          this.router.navigate(['todo']);
```

```
        }
      });
  }
}
```

AuthService 也需要改写成下面的样子。这里注意到我们引入了一个新概念：Subject。Subject 既是 Observer（观察者）也是 Observable（被观察对象）。这里采用 Subject 的原因是我们在 Login 时改变了 Auth 的属性，但由于这个 Login 方法是 Login 页面显性调用的，其他需要观察 Auth 变化的地方调用的是 getAuth() 方法。这样的话，我们需要在 Auth 发生变化时推送变化出去，我们在 loginWithCredentials 方法中以 this.subject.next(this.auth); 写入其变化，在 getAuth() 中用 return this.subject.asObservable(); 将 Subject 转换成 Observable：

```
import { Injectable, Inject } from '@angular/core';
import { Http, Headers, Response } from '@angular/http';

import { ReplaySubject, Observable } from 'rxjs/Rx';
import 'rxjs/add/operator/map';
import { Auth } from '../domain/entities';

@Injectable()
export class AuthService {
  auth: Auth = {hasError: true, redirectUrl: '', errMsg: 'not logged in'};
  subject: ReplaySubject<Auth> = new ReplaySubject<Auth>(1);
  constructor(private http: Http, @Inject('user') private userService) {
  }
  getAuth(): Observable<Auth> {
    return this.subject.asObservable();
  }
  unAuth(): void {
    this.auth = Object.assign(
      {},
      this.auth,
      {user: null, hasError: true, redirectUrl: '', errMsg: 'not logged in'});
    this.subject.next(this.auth);
  }
  loginWithCredentials(username: string, password: string): Observable<Auth> {
    return this.userService
      .findUser(username)
      .map(user => {
        let auth = new Auth();
        if (null === user){
```

```
          auth.user = null;
          auth.hasError = true;
          auth.errMsg = 'user not found';
        } else if (password === user.password) {
          auth.user = user;
          auth.hasError = false;
          auth.errMsg = null;
        } else {
          auth.user = null;
          auth.hasError = true;
          auth.errMsg = 'password not match';
        }
        this.auth = Object.assign({}, auth);
        this.subject.next(this.auth);
        return this.auth;
      });
  }
}
```

但为什么是 ReplaySubject 呢？我们共有两处需要监听 Auth 的变化：一处是导航栏，导航栏会依据不同的 Auth 值来显示 / 隐藏不同菜单；另一处是 todo 的路由守卫，它会依据 Auth 是否有错误来判断是否允许进入该路由 url。我们来以时间维度分析一下流程：我们在执行登录时，如果鉴权成功，会导航到某个路由（这里是 todo），这时会引发 CanActivate 的检查，而此时最新的 Auth 已经发射完毕（因为我们在 loginWithCredentials 中写入了变化值），CanActivate 检查时会发现没有 Auth 数据：

```
getAuth() Auth:{}    Auth{user: {id: 1...}} getAuth()-没有 Auth 数据发射了
|=========|==============|==========================|=====
导航栏       登录前          登录后                    todo 路由守卫激活
```

这种情况下我们需要缓存最近的一份 Auth 数据，无论谁，什么时间订阅，只要没有更新的数据，我们就推送最近的一份给它，这就是 ReplaySubject 的意义所在。

下面我们改写路由守卫：

```
import { Injectable, Inject } from '@angular/core';
import {
  CanActivate,
  CanLoad,
  Router,
  Route,
  ActivatedRouteSnapshot,
  RouterStateSnapshot }    from '@angular/router';
```

```
import { Observable } from 'rxjs/Rx';
import 'rxjs/add/operator/map';

@Injectable()
export class AuthGuardService implements CanActivate, CanLoad {

  constructor(
    private router: Router,
    @Inject('auth') private authService) { }

  canActivate(route: ActivatedRouteSnapshot, state: RouterStateSnapshot): Observable
    <boolean> {
    let url: string = state.url;

    return this.authService.getAuth()
      .map(auth => !auth.hasError);
  }
  canLoad(route: Route): Observable<boolean> {
    let url = '/${route.path}';

    return this.authService.getAuth()
      .map(auth => !auth.hasError);
  }
}
```

这里你会发现多了一个 canLoad 方法，canActivate 是用于是否可以进入某个 url，而 canLoad 是决定是否加载某个 url 对应的模块。所以需要再改下路由：

```
import { NgModule }      from '@angular/core';
import { Routes, RouterModule } from '@angular/router';
import { LoginComponent } from './login/login.component';
import { AuthGuardService } from './core/auth-guard.service';

const routes: Routes = [
  {
    path: '',
    redirectTo: 'login',
    pathMatch: 'full'
  },
  {
    path: 'todo',
    redirectTo: 'todo/ALL',
    canLoad: [AuthGuardService]
  }
```

```
];

@NgModule({
  imports: [
    RouterModule.forRoot(routes, { useHash: true })
  ],
  exports: [
    RouterModule
  ]
})
export class AppRoutingModule {}
```

现在打开浏览器欣赏一下我们的成果，如图 6.16 所示。

图 6.16　改造后的登录后效果图

6.7　方便的管道

我们一直没有提到的一点就是管道（pipe），虽然我们的例子中没有用到，但其实这是 Angular 2 中提供的非常方便的一个特性。这个特性可以让我们很快地将数据在界面上以我们想要的格式输出出来。还是拿例子说话，比如我们在页面上显示一个日期，先建立一个简单的模板：

```
<p> Without Pipe: Today is {{ birthday }} </p>
<p> With Pipe: Today is {{ birthday | date:"MM/dd/yy" }} </p>
```

再来建立对应的组件文件：

```
import { Component, OnDestroy } from '@angular/core';
```

```
@Component({
  selector: 'app-playground',
  templateUrl: './playground.component.html',
  styleUrls: ['./playground.component.css']
})
export class PlaygroundComponent {
  birthday = new Date();
  constructor() { }

}
```

打开浏览器，我们看一下效果，见图 6.17。我们会发现没有应用管道的话，时期的默认输出是一个非常难读的显示，而应用管道的话则是相反。这些当然可以通过组件中的代码实现，但是同一个数据往往在一个界面中需要这样显示，在另一个界面中需要那样显示。有了管道，我们会更灵活、更方便地显示数据。

图 6.17　无管道和有管道的日期输出

上面的例子可能还没太明显，我们进一步改造一下模板：

```
<p> Without Pipe: Today is {{ birthday }} </p>
<p> With Pipe: Today is {{ birthday | date:"MM/dd/yy" }} </p>
<p>The time is {{ birthday | date:'shortTime' }}</p>
<p>The time is {{ birthday | date:'medium' }}</p>
```

运行结果如图 6.18 所示。

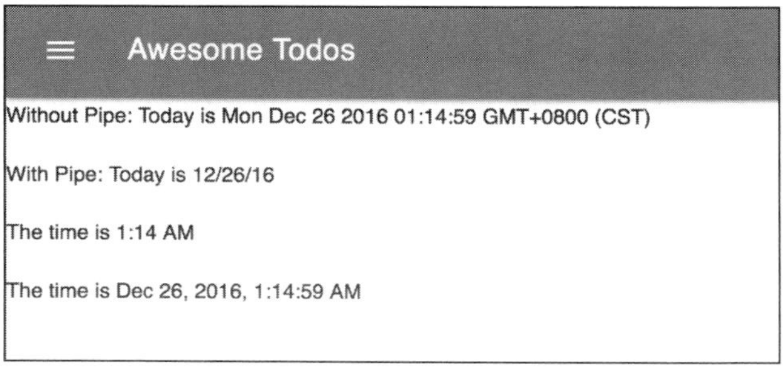

图 6.18　同一数据可以显示成不同样子

而且更牛的是，多个管道可以串起来使用，比如说图中最下面那个日期我们希望把 Dec 大写，就可以这样使用：

```
<p>The time is {{ birthday | date:'medium' | uppercase }}</p>
```

运行结果如图 6.19 所示。

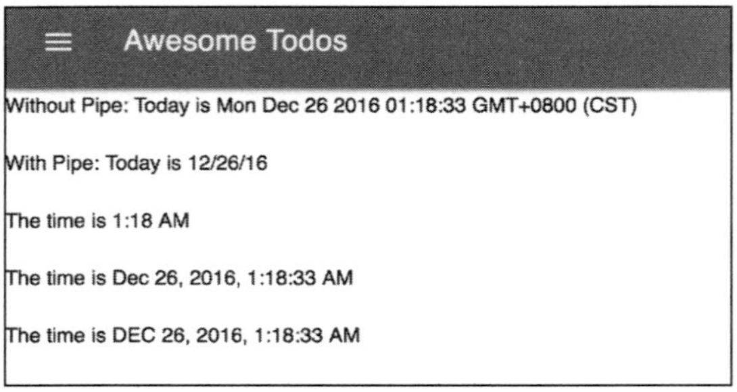

图 6.19　多个 Pipe 连用

6.7.1　自定义一个管道

那么自己写一个管道是怎样的体验呢？创建一个管道非常简单，我们来体会一下。首先创建一个 src/app/playground/trim-space.pipe.ts 的文件：

```
import { Pipe, PipeTransform } from '@angular/core';

@Pipe({
  name: 'trimSpace'
})
export class TrimSpacePipe implements PipeTransform {
  transform(value: any, args: any[]): any {
    return value.replace(/ /g, '');
  }
}
```

在 Module 文件中声明这个管道：declarations: [PlaygroundComponent, TrimSpacePipe] 以便于其他控件可以使用这个管道：

```
import { NgModule } from '@angular/core';
import { SharedModule } from '../shared/shared.module';
import { PlaygroundRoutingModule } from './playground-routing.module';
import { PlaygroundComponent } from './playground.component';
import { PlaygroundService } from './playground.service';
```

```
import { TrimSpacePipe } from './trim-space.pipe';

@NgModule({
  imports: [
      SharedModule,
      PlaygroundRoutingModule
  ],
  providers:[
      PlaygroundService
  ],
  declarations: [PlaygroundComponent, TrimSpacePipe]
})
export class PlaygroundModule { }
```

然后在组件的模板文件中使用即可 {{ birthday | date:'medium' | trimSpace}}：

```
<p> Without Pipe: Today is {{ birthday }} </p>
<p> With Pipe: Today is {{ birthday | date:"MM/dd/yy" }} </p>
<p>The time is {{ birthday | date:'shortTime' }}</p>
<p>The time is {{ birthday | date:'medium' | trimSpace}} with trim space pipe
  applied</p>
<p>The time is {{ birthday | date:'medium' | uppercase }}</p>
```

打开浏览器看一下效果，我们看到应用了 trimSpace 管道的日期的空格被移除了，如图 6.20 所示：

图 6.20　自定义一个移除空格的管道

6.7.2　内建管道的种类

1. DecimalPipe

DatePipe 和 UpperCase Pipe 我们刚刚已经见识过了，现在我们看一看内建的其他管道。首先是用于数字格式化的 DecimalPipe。DecimalPipe 的参数是以 {minIntegerDigits}.

{minFractionDigits}-{maxFractionDigits} 的表达式形式体现的。其中：

- minIntegerDigits 是最小的整数位数，默认是 1。
- minFractionDigits 表示最小的小数位数，默认是 0。
- maxFractionDigits 表示最大的小数位数，默认是 3。

```
<p>pi (no formatting): {{pi}}</p>
<p>pi (.5-5): {{pi | number:'.5-5'}}</p>
<p>pi (2.10-10): {{pi | number:'2.10-10'}}</p>
<p>pi (.3-3): {{pi | number:'.3-3'}}</p>
```

如果我们在组件中定义 pi: number = 3.1415927; 的话，上面的数字会被格式化成图 6.21 的样子。

2. CurrencyPipe

顾名思义，这个管道是格式化货币的，这个管道的表达式形式是这样的：currency[:currencyCode[:symbolDisplay[:digitInfo]]]，也就是说在 currency 管道后用分号分隔不同的属性设置：

图 6.21　Decimal Pipe 用于数字的格式化

```
<p>A in USD: {{a | currency:'USD':true}}</p>
<p>B in CNY: {{b | currency:'CNY':false:'4.2-2'}}</p>
```

上面的代码中 USD 或 CNY 表面货币代码，true 或 false 表明是否使用该货币的默认符号，后面如果再有一个表达式就是规定货币的位数限制。这个限制的具体规则和上面 Decimal Pipe 的类似，如图 6.22 所示。

3. Percent Pipe

这个管道当然就是用来格式化百分数的，百分数的整数位和小数位的规则也与上面提到的 Decimal Pipe 和 Currency Pipe 一致。如果在组件中定义 myNum: number = 0.1415927; 下面的代码会输出成图 6.23 的样子：

图 6.22　Currecy Pipe 用于格式化货币

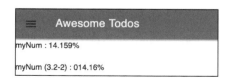

图 6.23　Percent Pipe 用来格式化百分数

```
<p>myNum : {{myNum | percent}}</p>
```

```
<p>myNum (3.2-2) : {{myNum | percent:'3.2-2'}}</p>
```

4. Json Pipe

个人感觉这个管道更适合在调试中使用，它可以把任何对象格式化成 JSON 格式输出。如果我们在组件中定义了一个对象：object: Object = {foo: 'bar', baz: 'qux', nested: {xyz: 3, numbers: [1, 2, 3, 4, 5]}}；那么下面的模板会输出图 6.24 的样子，在调试阶段，这个特性很好地帮助你输出可读性很强的对象格式。当然如果你使用了现代化的 IDE，这么使用的意义就不是很大了：

```
<div>
  <p>Without JSON pipe:</p>
  <pre>{{object}}</pre>
  <p>With JSON pipe:</p>
  <pre>{{object | json}}</pre>
</div>
```

运行结果如图 6.24 所示。

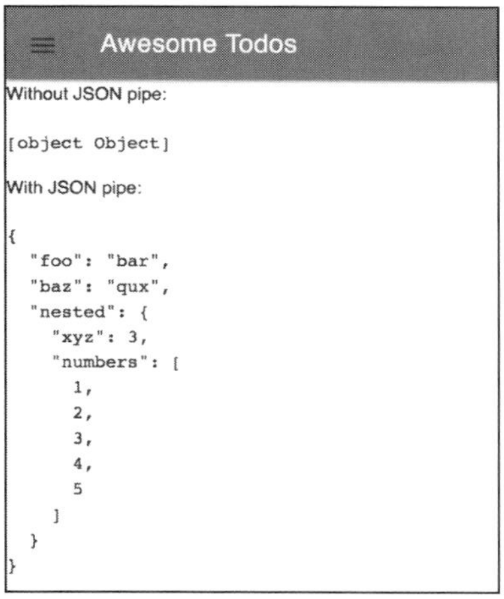

图 6.24　Json Pipe 用于以 Json 形式格式化对象

还有一个重要的管道，叫 Aysnc Pipe，在后面的章节我们会有很多讨论，就不在这里介绍了。

6.8　指令

另一个我们一直没有提到的重要概念就是指令（directive）了。虽然我们没提到指令，却已经用过了。比如 *ngFor，*ngIf 等。

Angular 2 中的指令分成三种：结构型（Structural）指令和属性型（Attribute）指令，还有一种就是 Component，组件本身就是一个带模板的指令。

结构型指令可以通过添加、删除 DOM 元素来更改 DOM 树的布局，比如我们前面使用 *ngFor 在 todo-list 的模板中添加了多个 todo-item。而属性型指令可以改变一个 DOM 元素的外观或行为，比如我们利用 *ngModel 进行双向绑定，改变了该组件的默认行为（我们在组件中改变某个变量值，这种改变会直接反应到组件上，这并不是组件自身定义的行为，而是我们通过 *ngModel 来改变的）。

Angular 2 中给出的内建结构型指令如表 6.1 所示。

表 6.1　内建结构型指令

名称	用法	说明
ngIf	`<div*ngIf="canShow">`	基于 canShow 表达式的值移除或重新创建部分 DOM 树。
ngFor	`<li *ngFor="let todo of todos">`	把 li 元素及其内容转化成一个模板，并用它来为列表中的每个条目初始化视图。

ngSwitch, ngSwitchCase, ngSwitchDefault	`<div [ngSwitch]="someCondition">`
	　`<template [ngSwitchCase]="case1Exp">...</template>`
	　`<template ngSwitchCase ="case2LiteralString">...</template>`
	　`<template ngSwitchDefault>...</template>`
	`</div>`
		基于 someCondition 的当前值，从内嵌模板中选取一个，有条件的切换 div 的内容。

Angular 2 当然也提供了内建属性型指令，如表 6.2 所示。

表 6.2　内建属性型指令

名称	用法	说明
ngModel	`<input [(ngModel)]="userName">`	提供双向绑定，为表单控件提供解析和验证。
ngClass	`<div [ngClass]="{active: isActive, disabled: isDisabled}"></div>`	把一个元素上 CSS 类的出现与否，绑定到一个真值映射表上。右侧的表达式应该返回类似 {class-name: true/false} 的映射表。

自定义一个指令也很简单，我们动手做一个。这个指令非常简单，就是使任何控件加上这个指令后，其点击动作都会在 console 中输出"I am clicked"。由于我们要监视其宿主的 click 事件，所以我们引入了 HostListener，在 onClick 方法上用 @HostListen('click')，表

明在检测到宿主发生 click 事件时调用这个方法。代码如下所示：

```
import {
  Directive,
  HostListener
} from '@angular/core';

@Directive({
    selector: "[log-on-click]",
})
export class LogOnClickDirective {

  constructor() {}
  @HostListener('click')
  onClick() { console.log('I am clicked!'); }
}
```

在模板中简单写一句就可以看效果了，如图 6.25 所示。

```
<button log-on-click>Click Me</button>
```

图 6.25　自定义指令，使得点击按钮会显示一条消息

> 本章代码：https://github.com/wpcfan/awesome-tutorials/tree/chap06/angular2/ng2-tut
> 打开命令行工具使用 git clone https://github.com/wpcfan/awesome-tutorials 下载。
> 然后键入 git checkout chap06 切换到本章代码。

6.9　小练习

1. 你是否熟悉其他第三方的 CSS 类库，比如 Twitter 开源的 BootStrap，可以试着看看如何引入进来。
2. 有没有喜欢的第三方的 JavaScript 类库，按我们提供的方法看看是否可以引入并正常工作？
3. 用 Angular CLI 将我们的应用发布成生产环境的 AOT 优化版本，打开 Chrome 的开发者工具，看看加载速度，和调试时的速度做个对比。
4. 自己写一个管道，进行日期的一种特殊转换，把日期转换成"刚刚"、"4 小时前"、"2 天前"、"3 个月前"、"一年前"等等。
5. 写一个属性型指令，凡是加上这条属性指令的组件都会上传一个对象 {id: number, name: string, action: string} 给服务器。其中 id 是个自增长整数，name 是组件的名称，action 是事件的类型，比如输入、鼠标点击等等。看出来这是个简单的用户行为采集模型了吗？自己试验一下看看怎么做？

第 7 章　Chapter 7

给组件带来活力

本章的主题是"专注酷炫一百年";-) 其实，没那么夸张，但我们还是要在这一章了解 MDL CSS 框架、Angular 2 内建的动画特性、更复杂的组件，概括一下 Angular 2 的组件生命周期。

7.1　更炫的登录页

大家不知道有没有试用过 Bing（必应）搜索引擎（在 Google 无法访问的情况下，Bing 的英文搜索还是不错的选择），这个搜索引擎的主页很有特点：每日都会有一张非常好看的图作为背景，见图 7.1。

我们想做的一个特效是类似地给登录页增加一个背景，但更酷的一点是，我们的背景每隔 3 秒会自动替换一张。由于涉及布局，我们先来熟悉一下 CSS 的框架设计。

7.1.1　响应式的 CSS 框架

目前主流的响应式 CSS 框架都有网格的概念，在我们现在使用的 MDL（Material Design Lite）框架中叫做 grid。在 MDL 中，一个页面在 PC 浏览器上的展现宽度有 12 个格子（cell），在平板上有 8 个格子，在手机上有 4 个格子。即一个 grid 的一行在 PC 上是 12 个 cell，在平板上是 8 个 cell，在手机上是 4 个 cell。如果一行中的 cell 数目大于限制数目（比如在 PC 上超过 12 个），MDL 会做折行处理。标识一个 grid 容器也很简单，在对应标签加上 class="mdl-grid" 即可。类似的，每个 cell 需要在对应标签内加上 class="mdl-cell"。如果要定制化 grid 的话，我们需要给 class 添加多个样式类名，比如，如果希望 grid 内是没有间隔的，可以写成 class="mdl-grid mdl-grid--no-spacing"；如果希望添加更多自己的定义，类似的可以写成 mdl-grid my-grid-style，然后在 CSS 中定义 my-grid-style 即可：

图 7.1　bing 搜索的首页有每日一图

```
<div class="mdl-grid">
  <div class="mdl-cell mdl-cell--1-col">1</div>
  <div class="mdl-cell mdl-cell--1-col">1</div>
  <div class="mdl-cell mdl-cell--1-col">1</div>
  <div class="mdl-cell mdl-cell--1-col">1</div>
  <div class="mdl-cell mdl-cell--1-col">1</div>
  <div class="mdl-cell mdl-cell--1-col">1</div>
  <div class="mdl-cell mdl-cell--1-col">1</div>
  <div class="mdl-cell mdl-cell--1-col">1</div>
  <div class="mdl-cell mdl-cell--1-col">1</div>
  <div class="mdl-cell mdl-cell--1-col">1</div>
  <div class="mdl-cell mdl-cell--1-col">1</div>
  <div class="mdl-cell mdl-cell--1-col">1</div>
</div>
<div class="mdl-grid">
  <div class="mdl-cell mdl-cell--4-col">4</div>
```

```
  <div class="mdl-cell mdl-cell--4-col">4</div>
  <div class="mdl-cell mdl-cell--4-col">4</div>
</div>
<div class="mdl-grid">
  <div class="mdl-cell mdl-cell--6-col">6</div>
  <div class="mdl-cell mdl-cell--4-col">4</div>
  <div class="mdl-cell mdl-cell--2-col">2</div>
</div>
<div class="mdl-grid">
  <div class="mdl-cell mdl-cell--6-col mdl-cell--8-col-tablet">6 (8 tablet)</
    div>
  <div class="mdl-cell mdl-cell--4-col mdl-cell--6-col-tablet">4 (6 tablet)</
    div>
  <div class="mdl-cell mdl-cell--2-col mdl-cell--4-col-phone">2 (4 phone)</
    div>
</div>
```

上述代码在浏览器中会生成一些网格，如图 7.2 所示。

图 7.2　响应式布局在 PC 浏览器的展现

你可以尝试把浏览器的窗口缩小，让宽度变窄，调整到一定程度后你会发现，布局改变了，变成了下面的样子，这就是同样的代码在平板上的效果。你会发现原本的第一行折成了两行，因为在平板上 8 个 cell 是一行。你可以试试继续把浏览器的宽度变窄，看看在手机上的效果，如图 7.3 所示。

图 7.3 响应式布局在小窗口时的变化

下面我们看看怎么对 Login 页面做改造，首先在 form 外套一层 div，并应用 grid 相关的 CSS 类，当然为了设置背景图，我们使用了一个 Angular 属性 ngStyle，这样让我们可以动态地改变背景图。grid 里面我们仅有一个有实际内容的 cell 就是 form 了，这个 form 在 PC 和平板上都占 3 个 cell，在手机上占 4 个 cell。但为了使这个 form 可以放在页面靠右的位置，我们添加了 2 个占位标签 mdl-layout-spacer，标签的作用是将 cell 剩余的横向空间占满：

```
<div
  class="mdl-grid mdl-grid--no-spacing login-container"
  [ngStyle]="{'background-image': 'url(' + photo + ')'}">
```

```
<mdl-layout-spacer
  class="mdl-cell mdl-cell--8-col mdl-cell--4-col-tablet mdl-cell--hide-
    phone">
</mdl-layout-spacer>
<form
  class="mdl-cell mdl-cell--3-col mdl-cell--3-col-tablet mdl-cell--4-col-
    phone login-form"
  (ngSubmit)="onSubmit()"
  >
  <!--...(这里省略掉其他控件的内容)-->
</form>
<mdl-layout-spacer></mdl-layout-spacer>
</div>
```

在我们还没有找到可以动态配置的图片源之前，为了看看页面效果，我们可以先找一张图片放在 src\assets 目录下面，然后在 LoginComponent 中将其赋值给 photo: photo = '/assets/login_default_bg.jpg';。接下来就看看现在的页面效果吧，如图 7.4 所示。

图 7.4 在 asset 目录配置图片资源

7.1.2 寻找免费的图片源

当然我们可以找到一些免费的图片，然后存到本地来实现这个功能，但如果有一个海量的图片库，我们可以根据关键字搜索不同的图片不是更酷了吗？幸运的是 Bing 搜索是有 API 的，去 https://www.microsoft.com/cognitive-services/en-us/bing-image-search-api 点击 Get Started for free 后点选 Bing Image Search 申请获得一个 API key 即可，如图 7.5 所示。

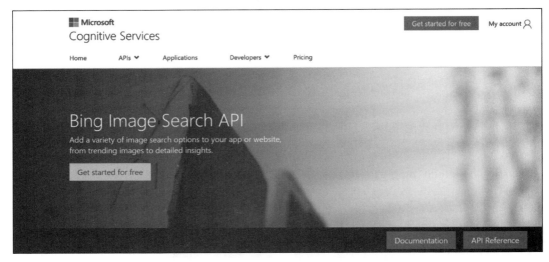

图 7.5　申请 Bing Image API

申请完毕后可以在 My Account 中看到你的 key，默认是隐藏的，点击 Show 链接即可看到了，点击 Copy 链接可以拷贝 key 到剪贴板，如图 7.6 所示。

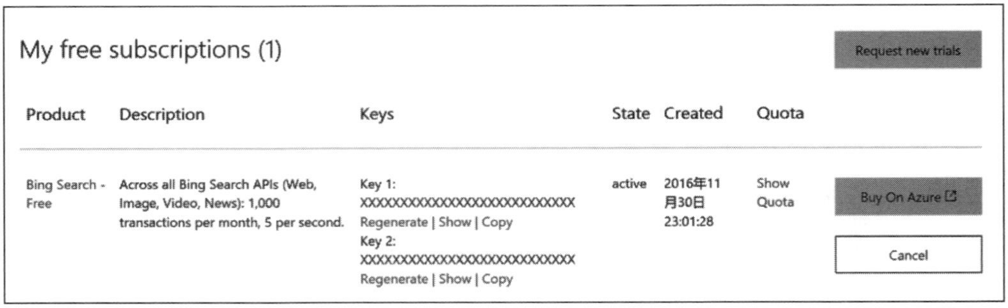

图 7.6　查找 API Key

Bing Image Search API 的 Request Url 是 :https://api.cognitive.microsoft.com/bing/v5.0/images/search，后面可以跟随一系列参数，其中 q 是必选参数，指明搜索的关键字。参见表 7.1。

表 7.1　Bing Image Search API 的 Request Url 参数

参数	是否必选	类型	功能描述
q	是	string	搜索关键字
count	否	number	返回的图片数量，实际返回值可能小于指定值
offset	否	number	要跳过的结果数量
mkt	否	string	从那个国家搜索，比如美国就是 en-US
safeSearch	否	string	应用过滤器过滤掉不良成人内容

知道了这些参数的意义后，我们可以在 login 目录下新建一个 BingImageService：

```
import { Injectable } from '@angular/core';
import { Http, Headers, Response } from '@angular/http';
import { Observable } from 'rxjs/Rx';
import { Image } from '../domain/entities';

@Injectable()
export class BingImageService {

  imageUrl: string;
  headers = new Headers({
    'Content-Type': 'application/json',
    // 把你获得 API key 在这里替换掉下面的 enter-your-api-key-here
    'Ocp-Apim-Subscription-Key': 'enter-your-api-key-here'
  });

  constructor(private http: Http) {
    const q = ' 北极 + 墙纸 ';
    const baseUrl: string = 'https://api.cognitive.microsoft.com/bing/v5.0/
      images/search';
    this.imageUrl = baseUrl + '?q=${q}&count=5&mkt=zh-CN&imageType=
      Photo&size=Large';
  }

  getImageUrl(): Observable<Image[]>{
    return this.http.get(this.imageUrl, { headers: this.headers })
      .map(res => res.json().value as Image[])
      .catch(this.handleError);
  }
  private handleError(error: Response) {
    console.error(error);
    return Observable.throw(error.json().error || 'Server error');
  }
}
```

然后在 LoginComponent 中即可调用这个服务，在得到返回的图片结果后我们就可以去替换掉默认本地图片的地址了。由于我们是得到一个图片地址的数组，所以我们还需要对这个数组中的每张图片做一个 4 秒的等待。而且我们还做了一个小处理 i = (i + 1) % length;，使得图片可以循环播放。

注意到我们让 LoginComponent 实现了 OnDestroy 接口，这是由于我们希望在页面销毁时也同时销毁观察者的订阅，而不是让它一直跑在后台：

```
// 代码片段
export class LoginComponent implements OnDestroy {

  username = '';
  password = '';
  auth: Auth;
  slides: Image[] = [];
  photo = '/assets/login_default_bg.jpg';
  subscription: Subscription;

  constructor(
    @Inject('auth') private authService,
    @Inject('bing') private bingService,
    private router: Router) {
    this.bingService.getImageUrl()
      .subscribe((images: Image[]) => {
        this.slides = [...images];
        this.rotateImages(this.slides);
      });
  }
  ...
  ngOnDestroy(){
    this.subscription.unsubscribe();
  }
  rotateImages(arr: Image[]){
    const length = arr.length
    let i = 0;
    setInterval(() => {
      i = (i + 1) % length;
      this.photo = this.slides[i].contentUrl;
    }, 4000);
  }
}
```

来喝杯咖啡，欣赏一下我们的成果吧！如图 7.7 所示。

第 7 章 给组件带来活力

图 7.7 每隔 4 秒换一张背景图的登录页面

7.2 自带动画技能的 Angular 2

Angular 2 的目标是一站式解决方案，当然会自带动画技能。动画定义在 @Component 描述性元数据中。在添加动画之前，先引入一些与动画有关的类库：

```
import {
  Component,
  Inject,
  trigger,
  state,
  style,
  transition,
  animate,
  OnDestroy
} from '@angular/core';
```

然后就可以在 @Component 元数据中添加动画相关的元数据了，我们这里定义了一个叫 loginState 的动画触发器（trigger）。这个触发器会在 inactive 和 active 两个状态间转换。scale(1.1) 是放缩比例，意味着我们对控件做了 1.1 倍的放大。这个动画的逻辑就是，当触发器处于 active 状态时，对应用这个触发器状态的控件做 1.1 倍放大处理：

```
@Component({
  selector: 'app-login',
  templateUrl: './login.component.html',
  styleUrls: ['./login.component.css'],
  animations: [
    trigger('loginState', [
      state('inactive', style({
        transform: 'scale(1)'
      })),
      state('active',   style({
        transform: 'scale(1.1)'
      })),
      transition('inactive => active', animate('100ms ease-in')),
      transition('active => inactive', animate('100ms ease-out'))
    ])
  ]
})
```

我们刚刚定义了一个动画，但它还没有被用到任何地方。要想使用它，可以在模板中用 [@triggerName]="xxx" 的形式来把它附加到一个或多个元素上：

```
<button
  mdl-button mdl-button-type="raised"
  mdl-colored="primary"
  mdl-ripple type="submit"
  [@loginState]="loginBtnState"
  (mouseenter)="toggleLoginState(true)"
  (mouseleave)="toggleLoginState(false)">
  Login
</button>
```

这里我们对 Login 这个按钮应用了 loginState 触发器，并且绑定这个触发器的状态值到一个成员变量 loginBtnState。而且我们定义了在鼠标进入按钮区域和离开按钮区域时应该通过一个函数 toggleLoginState 来改变 loginBtnState 的值。在 LoginComponent 中定义这个方法即可，我们要实现的这个功能非常简单，一行代码就搞定了：

```
toggleLoginState(state: boolean){
  this.loginBtnState = state ? 'active' : 'inactive';
}
```

试着将鼠标放在按钮上和离开按钮区域，看看按钮的变化的效果，如图 7.8 所示。

图 7.8　鼠标离开和进入按钮区域时不同的按钮大小

7.3　Angular 2 动画再体验

7.3.1　state 和 transition

我写文章的习惯是先试验再理论，所以我们接下来梳理一下 Angular 2 提供的动画技能。还是从最简单的例子开始，一个非常简单的模板：

```
<div class="traffic-light">
</div>
```

同样非常简单的样式（其实就是画一个小黑块）：

```
.traffic-light{
  width: 100px;
  height: 100px;
  background-color: black;
}
```

现在的效果就是这个样子，如图 7.9 所示，一点都不酷啊，没关系，我们一点点来，越简单的越容易弄懂概念。

图 7.9　最开始的小黑块

下面我们为组件添加一个 animations 的元数据描述：

```
import {
  Component,
  trigger,
```

```
    state,
    style
} from '@angular/core';

@Component({
  selector: 'app-playground',
  templateUrl: './playground.component.html',
  styleUrls: ['./playground.component.css'],
  animations: [
    trigger('signal', [
      state('go', style({
        'background-color': 'green'
      }))
    ])
  ]
})
export class PlaygroundComponent {

  constructor() { }

}
```

我们注意到 animations 中接受的是一个数组，这个数组里面我们使用了一个叫 trigger 的函数，trigger 接受的第一个参数是触发器的名字，第二个参数是一个数组。这个数组是由一种叫 state 的函数和叫 transition 的函数组成的。

那么什么是 state？ state 表示一种状态，当这种状态激活时，state 所附带的样式就会附着在应用 trigger 的那个控件上。transition 又是什么呢？ tranistion 描述了一系列动画的步骤，在状态迁移时这些动画步骤就会执行。

我们现在的这个版本中暂时只有 state 而没有 transition，让我们先来看看效果，当然在可以看到效果前我们先要把这个 trigger 应用到某个控件上。那在我们的例子里就是模板中的那个 div 了。

```
<div
  [@signal]="'go'"
  class="traffic-light">

</div>
```

返回浏览器，你会发现那个小黑块变成小绿块了，如图 7.10 所示。

图 7.10　state 的样式附着在控件上了

这说明什么？我们的 state 的样式附着在 div 上了。为什么呢？因为 [@signal]="'go'" 定义了 trigger 的状态是 go。但这一点也不酷是吗？是的，暂时是这样，还是那句话，不要急。

接下来，我们再加一个状态 stop，在 stop 激活时我们要把小方块的背景色设为红色，那么我们需要把 animations 改成下面的样子：

```
animations: [
  trigger('signal', [
    state('go', style({
      'background-color': 'green'
    })),
    state('stop', style({
        'background-color':'red'
    }))
  ])
]
```

同时我们需要给模板加两个按钮 Go 和 Stop。现在的模板看起来是下面的样子

```
<div
  [@signal]="signal"
  class="traffic-light">
</div>
<button (click)="onGo()">Go</button>
<button (click)="onStop()">Stop</button>
```

当然你看得到，我们点击按钮时需要处理对应的点击事件。在这里我们希望点击 Go 时，方块变绿，点击 Stop 时方块变红。如果要达成这个目的，我们需要一个叫 signal 的成员变量，在点击的处理函数中更改相应的状态。

```
export class PlaygroundComponent {

  signal: string;
```

```
  constructor() { }

  onGo(){
    this.signal = 'go';
  }
  onStop(){
    this.signal = 'stop';
  }
}
```

现在打开浏览器，试验一下，我们会发现点击 Go 变绿，而点击 Stop 变红，如图 7.11 所示。

图 7.11　多种状态切换的效果

但是还是没动起来啊，是的，这是因为我们还没加 transition 呢，我们只需把 animations 改写一下，你分别点 Go 和 Stop 就能看到动画效果了。为了让效果更明显一些，我们为两种状态指定一下高度。

```
import {
Component,
OnDestroy,
trigger,
state,
style,
transition,
animate
} from '@angular/core';

@Component({
  selector: 'app-playground',
  templateUrl: './playground.component.html',
  styleUrls: ['./playground.component.css'],
  animations: [
    trigger('signal', [
```

```
      state('void', style({
        'transform':'translateY(-100%)'
      })),
      state('go', style({
        'background-color': 'green',
        'height':'100px'
      })),
      state('stop', style({
          'background-color':'red',
          'height':'50px'
      })),
      transition('void => *', animate(5000))
    ])
  ]
})
export class PlaygroundComponent {

  signal: string;

  constructor() { }

  onGo(){
    this.signal = 'go';
  }
  onStop(){
    this.signal = 'stop';
  }
}
```

那么 transition('* => *', animate(500)) 这句什么意思呢？前面那个 '* => *' 是一个状态迁移表达式，* 表示任意状态，所以这个表达式告诉我们，只要有状态的变化就会激发后面的动画效果。后面的就是告诉 Angular 做 500 毫秒的动画，这个动画默认是从一个状态过渡到另一个状态。现在大家打开浏览器体验一下，分别点击 Go 和 Stop，会发现我们的小方块从一个正方形变成一个长方形，红色变成绿色的过程。体验完之后再来看这句话：动画其实就是由若干个状态组成，由 transition 定义状态过渡的步骤。

那么下面我们介绍一个 void 状态（空状态），为什么会有 void 状态呢？其实刚刚我们也体验了，只不过没有定义这个 void 状态而已。我们在组件中并没有给 signal 赋初始值，这就意味着一开始 trigger 的状态就是 void。我们往往在实现进场或离场动画时需要这个 void 状态。void 状态就是描述没有状态值时的状态。

```
animations: [
  trigger('signal', [
    state('void', style({
      'transform':'translateY(-100%)'
    })),
    state('go', style({
      'background-color': 'green',
      'height':'100px'
    })),
    state('stop', style({
        'background-color':'red',
        'height':'50px'
    })),
    transition('* => *', animate(500))
  ])
]
```

上面代码定义了一个 void 状态，而且样式上有一个按 Y 轴做的 -100% 的位移，其实这就是一开始让小方块从场景外进入场景内，这样就是实现了一种进场动画，大家可以在浏览器中试验一下。

7.3.2 奇妙的 animate 函数

上面的我们的实验中，你会发现 transition 中有个 animate 函数，可能你认为它就是指定一个动画的时间的函数。不过它的身手可不止那么简单呢，我们来仔细挖掘一下。

首先呢，我们来对上面的代码做一个小改造，把 animations 数组改成下面的样子：

```
animations: [
  trigger('signal', [
    state('void', style({
      'transform':'translateY(-100%)'
    })),
    state('go', style({
      'background-color': 'green',
      'height':'100px'
    })),
    state('stop', style({
        'background-color':'red',
        'height':'50px'
    })),
```

```
    transition('* => *', animate('.5s 1s'))
  ])
]
```

我们其实只对 animate 中的参数做了一点小改动，就是把 animate(500) 改成 animate('.5s 1s')。那么 .5s 表示动画过渡时间为 0.5 秒（其实和上面设置的 500 毫秒是一样的），1s 表示动画延迟 1 秒后播放。现在我们打开浏览器，看看效果如何吧。

当然还有更狠的大招，这个字符串表达式还可以变成 '.5s 1s ease-out'，后面的这个 ease-out 是一种缓动函数，它是可以让动画效果更真实的一种方式。

现实世界中物体照着一定节奏移动，并不是一开始就移动很快的，也不可能是一直匀速运动的。怎么理解呢？当皮球往下掉时，首先是越掉越快，撞到地上后回弹，最终才又碰触地板。而缓动函数可以使动画的过渡效果按照这样的真实场景抽象出的对应函数来进行绘制。ease-out 只是众多的缓动函数的其中一种，我们当然可以指定其他函数。

另外需要说明的一点是诸如 ease-out 只是真实函数的一个友好名称，我们当然可以直接指定背后的函数：cubic-bezier(0, 0, 0.58, 1)。我们下个小例子不用这个 ease-out，因为效果可能不是特别明显，我们找一个明显的，使用 cubic-bezier(0.175, 0.885, 0.32, 1.275)。现在我们打开浏览器，你仔细观察一下是否看到了小方块回弹的效果。

```
animations: [
  trigger('signal', [
    state('void', style({
      'transform':'translateY(-100%)'
    })),
    state('go', style({
      'background-color': 'green',
      'height':'100px'
    })),
    state('stop', style({
        'background-color':'red',
        'height':'50px'
    })),
    transition('* => *', animate('.5s 1s cubic-bezier(0.175, 0.885, 0.32,
      1.275)'))
  ])
]
```

关于缓动函数的更多资料可以访问 http://easings.net/zh-cn 在这里可以看到各种函数的曲线和效果，以及 cubic-bezier 函数的各种参数，如图 7.12 所示。

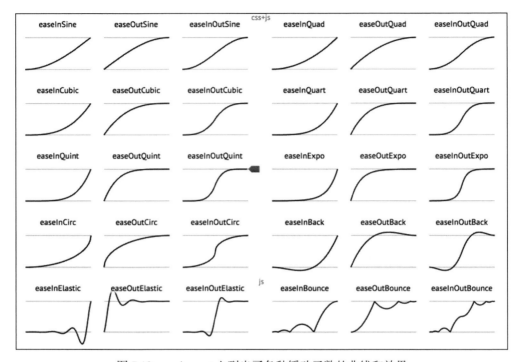

图 7.12　easing.net 上列出了各种缓动函数的曲线和效果

需要注意的一点是 Angular 2 实现动画的机制其实是基于 W3C 的 Web Animation 标准，这个标准暂时无法支持所有的 cubic-bezier 函数，只有部分函数被支持。这样的话我们如果要实现某些不被支持的函数怎么办呢？那就得有请我们的关键帧出场了。

7.3.3　关键帧

何谓关键帧？首先需要知道什么是帧？百度百科给了定义：

帧——就是动画中最小单位的单幅影像画面，相当于电影胶片上的每一格镜头。在动画软件的时间轴上帧表现为一格或一个标记。

关键帧——相当于二维动画中的原画。指角色或者物体运动或变化中的关键动作所处的那一帧。关键帧与关键帧之间的动画可以由软件来创建，叫做过渡帧或者中间帧。

先来做一个小实验，我们把入场动画改造成关键帧形式。

```
import {
  Component,
  OnDestroy,
```

```
    trigger,
    state,
    style,
    transition,
    animate,
    keyframes
  } from '@angular/core';

  @Component({
    selector: 'app-playground',
    templateUrl: './playground.component.html',
    styleUrls: ['./playground.component.css'],
    animations: [
      trigger('signal', [
        state('void', style({
          'transform':'translateY(-100%)'
        })),
        state('go', style({
          'background-color': 'green',
          'height':'100px'
        })),
        state('stop', style({
           'background-color':'red',
           'height':'50px'
        })),
        transition('void => *', animate(5000, keyframes([
          style({'transform': 'scale(0)'}),
          style({'transform': 'scale(0.1)'}),
          style({'transform': 'scale(0.5)'}),
          style({'transform': 'scale(0.9)'}),
          style({'transform': 'scale(0.95)'}),
          style({'transform': 'scale(1)'})
        ]))),
        transition('* => *', animate('.5s 1s cubic-bezier(0.175, 0.885, 0.32,
          1.275)'))
      ])
    ]
  })
  export class PlaygroundComponent {
      // clock = Observable.interval(1000).do(_=>console.log('observable
created'));
     signal: string;

     constructor() { }
```

```
onGo(){
  this.signal = 'go';
}
onStop(){
  this.signal = 'stop';
}
}
```

保存后返回浏览器，你应该可以看到一个正方形由小变大的进场动画。现在我们来分析一下代码，这个入场动画是 5 秒的时间，我们给出 6 个关键帧，也就是 0s，1s，2s，3s，4s 和 5s 这几个。对于每个关键帧，我们给出的样式都是放缩，而放缩的比例逐渐加大，而且是先快后慢。如果我们不光做放缩，而且在 style 中还指定位置的话，这个动画就会出现边移动边变大的效果了。把入场动画改成下面的样子试试看吧。

```
transition('void => *', animate(5000, keyframes([
    style({'transform': 'scale(0)', 'padding': '0px'}),
    style({'transform': 'scale(0.1)', 'padding': '50px'}),
    style({'transform': 'scale(0.5)', 'padding': '100px'}),
    style({'transform': 'scale(0.9)', 'padding': '120px'}),
    style({'transform': 'scale(0.95)', 'padding': '135px'}),
    style({'transform': 'scale(1)', 'padding': '140px'})
]))),
```

这样的话利用关键帧我们如果结合好 CSS 样式，就会做出比较复杂的动画了。

7.4 完成遗失已久的注册功能

我们自从完成了基本的多用户待办事项后就没有增加注册功能，现在图 7.13 来填补这个缺憾吧。我们打算在点击登录页的 Register 按钮时弹出一个注册用户的对话框，如图 7.13 所示。

如果要实现一个对话框，利用我们已经引入的 angular2-mdl 库，需要几个步骤。

我们需要在 src\index.html 中增加一个"对话框插座"（<dialog-outlet></dialog-outlet>），就是在 <app-root> 下面添加即可：

```
<!doctype html>
<html>
<head>
...
</head>
```

```
<body>
  <app-root>Loading...</app-root>
  <dialog-outlet></dialog-outlet>
</body>
</html>
```

图 7.13　我们要实现的注册对话框效果

建立 dialog 页面：angular2-mdl 中有很多方便内建对话框和声明式方式，但我们这里介绍一种定制化程度比较高，也略显复杂的方式。打开一个命令行终端，输入 ng g c login/register-dialog。

对话框的模板比较简单，由一个用户名输入框、一个密码输入框、一个重复密码输入框、一个加载状态和一个注册按钮组成。其中我们希望按钮在表单验证正确后才可用，而且在处理注册过程中，按钮应该不可用。在处理注册过程中，应该有一个用户提示：

```
<form [formGroup]="form">
  <h3 class="mdl-dialog__title">Register</h3>
  <div class="mdl-dialog__content">
    <mdl-textfield
      #firstElement
      type="text"
      label="Username"
      formControlName="username"
      floating-label>
```

```
      </mdl-textfield>
      <br/>
      <mdl-textfield
        type="password"
        label="Password"
        formControlName="password"
        floating-label>
      </mdl-textfield>
      <br/>
      <mdl-textfield
        type="password"
        label="Repeat Password"
        formControlName="repeatPassword"
        floating-label>
      </mdl-textfield>
    </div>
    <div class="status-bar">
      <p class="mdl-color-text--primary">{{statusMessage}}</p>
      <mdl-spinner [active]="processingRegister"></mdl-spinner>
    </div>
    <div class="mdl-dialog__actions">
      <button
        type="button"
        mdl-button
        (click)="register()"
        [disabled]="!form.valid || processingRegister"
        mdl-button-type="raised"
        mdl-colored="primary" mdl-ripple>
        Register
      </button>
    </div>
</form>
```

那么对应的组件文件中，我们这次没有使用双向绑定，而是完全采取表单的方式进行。这里介绍几个新面孔：

- **FormBuilder**：这其实是一个工具类，用于快速构造一个表单。
- **FormGroup**：顾名思义这是一组表单控件，一个表单可以有多个 FormGroup，这常常在比较复杂的表单中使用，用于更好地分类和控制。如果这一组中的任何一个控件验证失败，FormGroup 的验证状态也是失败的。
- **FormControl**：跟踪表单控件的值和验证状态。

Angular 2 的 FormControl 中内置了常用的验证器（Validator），我们在这个例子中除此之外还给出了一个自定义的验证器 passwordMatchValidator，用于判断是否两次密码输入是相同的。

此外，我们还用到了一个新修饰符 @HostListener，这个修饰符是指我们要监听宿主（这里是浏览器）的某些动作和变化。比如本例中，我们想要用户在按 Esc 键时关闭对话框，但这个动作并不局限在某个控件上，只要用户点击了 Esc 我们就关闭对话框，这时我们就得监听宿主的 keydown.esc 事件了：

```
// 省略掉 Import 代码段和修饰符代码段
...
export class RegisterDialogComponent{
  @ViewChild('firstElement') private inputElement: MdlTextFieldComponent;
  public form: FormGroup;
  public processingRegister = false;
  public statusMessage = '';
  private subscription: Subscription;

  constructor(
    private dialog: MdlDialogReference,
    private fb: FormBuilder,
    private router: Router,
    @Inject('auth') private authService) {
    this.form = fb.group({
      'username': new FormControl('', Validators.required),
      'passwords': fb.group({
        'password': new FormControl('', Validators.required),
        'repeatPassword': new FormControl('', Validators.required)
      },{validator: this.passwordMatchValidator})
    });
    // just if you want to be informed if the dialog is hidden
    this.dialog.onHide().subscribe( (auth) => {
      console.log('login dialog hidden');
      if (auth) {
        console.log('authenticated user', auth);
      }
    });
    this.dialog.onVisible().subscribe( () => {
      this.inputElement.setFocus();
    });
  }

  passwordMatchValidator(group: FormGroup){
    this.statusMessage = '';
```

```
    let password = group.get('password').value;
    let confirm = group.get('repeatPassword').value;

    // Don't kick in until user touches both fields
    if (password.pristine || confirm.pristine) {
      return null;
    }
    if(password===confirm) {
      return null;
    }
    return {'mismatch': true};
  }

  public register() {
    this.processingRegister = true;
    this.statusMessage = 'processing your registration ...';

    this.subscription = this.authService
      .register(
        this.form.get('username').value,
        this.form.get('passwords').get('password').value)
      .subscribe( auth => {
        this.processingRegister = false;
        this.statusMessage = 'you are registered and will be signed in ...';
        setTimeout( () => {
          this.dialog.hide(auth);
          this.router.navigate(['todo']);
        }, 500);
      }, err => {
        this.processingRegister = false;
        this.statusMessage = err.message;
      });
  }

  @HostListener('keydown.esc')
  public onEsc(): void {
    if(this.subscription !== undefined)
      this.subscription.unsubscribe();
    this.dialog.hide();
  }
}
```

做完后，打开浏览器却发现报错了，如图 7.14 所示。这是由于我们未引入 ReactiveFormsModule 造成的，FormGroup 是由 ReactiveFormsModule 提供的，因此要在

src\app\login\login.module.ts 中引入这个模块。

```
Unhandled Promise rejection: Template parse errors:
Can't bind to 'formGroup' since it isn't a known property of 'form'. ("<form [ERROR ->][formGroup]="form">
    <h3 class="mdl-dialog__title">Register</h3>
    <div class="mdl-dialog__content"): RegisterDialogComponent@0:6
No provider for ControlContainer ("[ERROR ->]<form [formGroup]="form">
    <h3 class="mdl-dialog__title">Register</h3>
    <div class="mdl-dialog__c"): RegisterDialogComponent@0:0
No provider for NgControl ("
    <h3 class="mdl-dialog__title">Register</h3>
    <div class="mdl-dialog__content">
      [ERROR ->]<mdl-textfield
        #firstElement
        type="text"
"): RegisterDialogComponent@3:4
No provider for ControlContainer ("
    </mdl-textfield>
```

图 7.14　未引入 ReactiveForms 引起的报错

7.5　响应式表单

刚才我们只是利用响应式表单（Reactive Forms）做了一些工作，但为什么这么做，以及应该怎么做，我们还不是特别清楚。但是实践之后再来具体讲感觉效果会比较好。接下来我们来学习一下响应式表单。

响应式表单意味着我们不会使用 ngModel，required 等其他的类似的指令来帮助我们完成绑定和验证等动作。也就是说我们希望自己对表单（Form）有完全的控制，而不是像我们之前做的那样（第 2 章）：模板驱动型的表单是一个以模板的形式让 Angular 2 帮我们打理一切的方法。Angular 2 的响应式表单有两个明显优点：

- 可以让我们将所有处理的逻辑放在一起，而不是像非响应式表单那样，验证在网页模板中，绑定在模板中，逻辑处理在组件中等等。
- 更大的灵活性，因为我们可以从头到脚的控制表单，而不是依赖 某些内建的机制（虽然那些机制有时会给你很多便利之处，但一旦你的需求变复杂时，它就无法满足你了）。

从一个小例子开始，下面的表单是我们练习中需要用到的。但请注意，为了更清晰更简单，本小节的代码不要使用 todos 项目，请单独建一个项目目录来实践下面的练习。

假设我们有一个基本 HTML 版的 form 如下所示：

```html
<form>
  <label>
    <span>Full name</span>
    <input
      type="text"
      name="name"
      placeholder="Your full name">
  </label>
  <div>
    <label>
      <span>Email address</span>
      <input
        type="email"
        name="email"
        placeholder="Your email address">
    </label>
    <label>
      <span>Confirm address</span>
      <input
        type="email"
        name="confirm"
        placeholder="Confirm your email address">
    </label>
  </div>
  <button type="submit">Sign up</button>
</form>
```

我们有三个输入项：用户姓名和一组用户 email 地址输入项（包含 email 和确认 email 两项）。我们使用响应式表单去要做的事情有：

- 绑定用户的姓名、email 以及确认 email 的输入。
- 对于所有必填项的验证。
- 显示必填项验证失败的信息。
- 在表单合法前（所有验证通过叫做合法）禁用提交按钮。
- 提交表单。

对应的，我们要实现一个用户的接口定义：

```typescript
// user.interface.ts
export interface User {
  name: string;
  account: {
    email: string;
```

```
    confirm: string;
  }
}
```

在我们可以使用 ReactiveForms 前,首先要告诉 @NgModule 引入。注意:平时使用时如果要使用模板驱动型表单需要引入 FormModule,而响应式表单需要引入 ReactiveForms。

```
import { ReactiveFormsModule } from '@angular/forms';

@NgModule({
  imports: [
    ...,
    ReactiveFormsModule
  ],
  declarations: [...],
  bootstrap: [...]
})
export class AppModule {}
```

让我们从一个注册组件开始,这个注册组件就是下面的样子:

```
// form-demo.component.ts
import { Component, OnInit } from '@angular/core';
import {
  FormControl,
  FormGroup,
  FormBuilder
} from '@angular/forms';

@Component({
  selector: 'app-form-demo',
  templateUrl: './form-demo.component.html',
  styleUrls: ['./form-demo.component.css']
})
export class FormDemoComponent implements OnInit {

  constructor() { }

  ngOnInit() {
  }

}
```

这看起来就是一个很普通的组件,接下来我们会开始学习什么是 FormControl,什么是 FormGroup 以及什么是 FormBuilder。

7.5.1 表单控件和表单组

表单控件（FormControl）会跟踪模板中一个控件的值和验证状态，比如我们例子中的 name、email 或确认 email。而表单组（FormGroup）是一组表单控件，这个表单组跟踪保存所含表单控件的值和验证状态。举个小例子，如果我们有下面这样一个表单组：

```
import { Component, OnInit } from '@angular/core';
import {
  FormControl,
  FormGroup,
  FormBuilder
} from '@angular/forms';

@Component({
  selector: 'app-form-demo',
  templateUrl: './form-demo.component.html',
  styleUrls: ['./form-demo.component.css']
})
export class FormDemoComponent implements OnInit {
  myGroup: FormGroup;
  constructor() { }

  ngOnInit() {
    this.myGroup = new FormGroup({
      name: new FormControl('Peng Wang'),
      location: new FormControl('Beijing, China')
    });
  }

}
```

那么接下来怎么使用呢？其实非常简单，只需要在模板中和这个表单组做一个"一一对应"就行了。

```
<form novalidate [formGroup]="myGroup">
  Name: <input type="text" formControlName="name">
  Location: <input type="text" formControlName="location">
</form>
```

看到这个对应关系了吗，在 [formGroup]="myGroup" 中的 myGroup 就是定义在组件中的 myGroup，而 formControlName="name" 就是 myGroup 中的 name 属性对应的那个表单控件：name: new FormControl('Peng Wang')。用一个映射图表示如下：

```
FormGroup -> 'myGroup'
  FormControl -> 'name'
  FormControl -> 'location'
```

好，了解这些基础后，那下面我们开始做我们真正的表单吧。

还记得我们为用户设计的类型定义吗？来回顾一下：

```
export interface User {
  name: string;
  account: {
    email: string;
    confirm: string;
  }
}
```

所以我们需要实现一个类似的映射关系，像下面这样：

```
FormGroup -> 'user'
  FormControl -> 'name'
  FormGroup -> 'account'
    FormControl -> 'email'
    FormControl -> 'confirm'
```

你可能观测到了，FormGroup 是可以嵌套的，这样组件中的逻辑就比较简单了

```
import { Component, OnInit } from '@angular/core';
import {
  FormControl,
  FormGroup,
  FormBuilder
} from '@angular/forms';

@Component({
  selector: 'app-form-demo',
  templateUrl: './form-demo.component.html',
  styleUrls: ['./form-demo.component.css']
})
export class FormDemoComponent implements OnInit {
  user: FormGroup;
  constructor() { }

  ngOnInit() {
    this.user = new FormGroup({
      name: new FormControl(''),// 如果要初始值的话，可以设置
      account: new FormGroup({
```

```
      email: new FormControl(''),
      confirm: new FormControl('')
    })
  });
  }

}
```

模板也是照猫画虎,做"一一对应"就好:

```
<form novalidate [formGroup]="user">
  <label>
    <span>Full name</span>
    <input
      type="text"
      placeholder="Your full name"
      formControlName="name">
  </label>
  <div formGroupName="account">
    <label>
      <span>Email address</span>
      <input
        type="email"
        placeholder="Your email address"
        formControlName="email">
    </label>
    <label>
      <span>Confirm address</span>
      <input
        type="email"
        placeholder="Confirm your email address"
        formControlName="confirm">
    </label>
  </div>
  <button type="submit">Sign up</button>
</form>
```

现在你应该清楚了,其实我们只需要记住"一一对应",这个表单写起来好 easy 啊

```
// 对象模型的一一对应
FormGroup -> 'user'
  FormControl -> 'name'
  FormGroup -> 'account'
    FormControl -> 'email'
    FormControl -> 'confirm'
```

```
// HTML DOM 的一一对应
formGroup -> 'user'
  formControlName -> 'name'
  formGroupName -> 'account'
    formControlName -> 'email'
    formControlName -> 'confirm'
```

7.5.2 表单提交

我们当然可以按照原来模板驱动模板的方法进行表单提交,像下面这样:

```
<form novalidate (ngSubmit)="onSubmit(user)" [formGroup]="user">
  ...
</form>
```

但由于我们现在在组件内已经可以直接访问 form 了（user 是组件的成员变量同时也是根 FormGroup），所以可以不写参数:

```
<form novalidate [formGroup]="user">
  ...
</form>
```

然后在组件中就可以这样访问了

```
export class FormDemoComponent {
  user: FormGroup;
  onSubmit() {
    console.log(this.user.value, this.user.valid);
  }
}
```

7.5.3 表单验证

刚刚的版本是没有任何验证的,下面我们看看如何添加验证。首先需要从 @angular/form 中引入 Validators,然后在表单控件构造函数的第二个参数给出验证条件,如果需要多个验证条件就放在一个数组中即可。

```
import { Component, OnInit } from '@angular/core';
import {
  FormControl,
  FormGroup,
  FormBuilder,
```

```
  Validators
} from '@angular/forms';

@Component({
  selector: 'app-form-demo',
  templateUrl: './form-demo.component.html',
  styleUrls: ['./form-demo.component.css']
})
export class FormDemoComponent implements OnInit {
  user: FormGroup;
  constructor() { }

  ngOnInit() {
    this.user = new FormGroup({
      name: new FormControl('', [Validators.required, Validators.
        minLength(2)]),
      account: new FormGroup({
        email: new FormControl('', Validators.required),
        confirm: new FormControl('', Validators.required)
      })
    });
  }

}
```

为了检验一下这个验证机制是否有效，我们来试试看，还记得前面我们说过的 json 管道吗，它很适合做调试使用。所以在 button 下面添加一行：{{ user.controls.name?.errors | json }}。这时我们打开浏览器，就可以看到有一个 {"required": true}，如图 7.15 所示。这就是告诉我们 name 这个控件的验证出错了，错误就是没有满足它是一个必填项。

图 7.15　用 json 管道查看表单验证状态

这里你可能要问，不是还有第二个规则吗（最小长度为 2 的那个规则也没满足啊）？问的好。这是由于：第一，验证机制是 fail-fast 机制，就是同一控件逐一验证各种条件，只要有一个条件失败了，后面的就不用验证了。第二，required 的优先级高于其他验证。此时如果我们在 Full Name 中输入 1 个字符，你就会看到第二个条件未满足后的信息：{ "minlength": {"requiredLength": 2, "actualLength": 1 } }。

如果条件满足了，这个值显示成什么呢？你可以试试看，结果是 null。

7.5.4　表单构造器

表单构造器（FormBuilder）其实是一个语法糖，它是一个便利的工具，可以让我们摆脱重复的写 New FormControl()，new FormGroup() 等重复性劳动。我们来看看它的威力，用 FormBuilder 改造后的组件如下：

```
import { Component, OnInit } from '@angular/core';
import {
  FormGroup,
  FormBuilder,
  Validators
} from '@angular/forms';

@Component({
  selector: 'app-form-demo',
  templateUrl: './form-demo.component.html',
  styleUrls: ['./form-demo.component.css']
})
export class FormDemoComponent implements OnInit {
  user: FormGroup;
  constructor(private fb: FormBuilder) { }

  ngOnInit() {
    this.user = this.fb.group({
      name: ['', [Validators.required, Validators.minLength(2)]],
      account: this.fb.group({
        email: ['', Validators.required],
        confirm: ['', Validators.required]
      })
    });
  }

}
```

观察到什么不同点了吗？对，首先通过构造函数的注入，我们得到了表单构造器；然后所有用到 New FormGroup 的地方都变成了 this.fb.group，所有 new FormControl 都消失了，变成了一个参数组成的数组。在写大表单时，这个表单构造器可以提高你的生产效率。

7.5.5 Restful API 的实验

现在还需要完成服务器端的 API。和以前类似的，我们需要先实验一下 json-server 的 API，确定各参数可行的条件下再进行编码。由于现在我们需要进行 GET 以外的操作，所以如果有专业工具来辅助会比较方便，这里推荐一个 Chrome App：Postman，可以自行科学上网后在 Chrome 商店搜索安装。安装后点左上角的应用即可看到 Postman 了，如图 7.16 所示。

图 7.16　Chrome 应用：Postman

点击 Postman，输入 http://localhost:3000/users 可以看到返回的 json 数据了，参见图 7.17。

我们来试验一下新增一个用户，但这个时候我们已经给 User 的 id 定义成数字类型了，实在不想改成 UUID 了，怎么办呢？幸运的是 json-server 其实是很聪明的，如果在 POST 时你不给它传入 id 字段，它会认为这个 id 是自增长的。在 Postman 中将 HTTP 方法设成 POST，在 Headers 中写上 Content-Type 和 application/json。然后在 Body 中选择 raw，并写入：

```
{
  "username": "testUser",
  "password": "testPassword"
}
```

点击 Send 后可以看到，新的 id 自动被写入了，这简直太方便了，也符合一般后端开发的套路，如图 7.18 所示。

图 7.17　PostMan 的功能区介绍

图 7.18　用 Postman 测试自增长 ID

知道这点后，我们着手写对应方法就很简单了，首先在 UserService 中添加 addUser 方法：

```
addUser(user: User): Observable<User>{
  return this.http.post(this.api_url, JSON.stringify(user), {headers: this.
    headers})
    .map(res => res.json() as User)
    .catch(this.handleError);
}
```

在 AuthService 中添加一个 register 方法，正如我们刚刚实验的那样，我们只需构造一个没有 id 的 User 对象即可。当然我们要检查一下用户名是否存在，如果不存在的话才可以注册新用户。这里又碰到一个新的 Rx 方法 switchMap，是用来对原来流中的对象做变换后，发射变换后的流。用一个图示来表示我们下面代码的逻辑是这样的：

```
                                null             null
                                 /                /
应用 filter 前：User======User=====User======...=====User=====...
应用 filter 后：==================User======...=====User=====...
（把 user===null 的滤出来）       /                /
应用 switchMap 后：           Auth======...=====Auth=====...
```

```
register(username: string, password: string): Observable<Auth> {
  let toAddUser = {
    username: username,
    password: password
  };
  return this.userService
    .findUser(username)
    .filter(user => user === null)
    .switchMap(user => {
      return this.userService.addUser(toAddUser).map(u => {
        this.auth = Object.assign(
          {},
          { user: u, hasError: false, errMsg: null, redirectUrl: null}
        );
        this.subject.next(this.auth);
        return this.auth;
      });
    });
}
```

打开浏览器，检查所有功能是否完整可用，正常情况下点 Register 你可以看到下面的界面，试着注册一个新用户，开始管理你的待办事项吧，如图 7.19 所示。

图 7.19　完成注册功能的页面

7.6　Angular 2 的组件生命周期

每个组件都有一个被 Angular 管理的生命周期：Angular 创建、渲染控件；创建、渲染子控件；当数据绑定属性改变时做检查；在把控件移除 DOM 之前销毁控件等等。

Angular 提供生命周期的"钩子"（Hook）以便于开发者可以得到这些关键过程的数据以及在这些过程中做出响应的能力。这些函数和顺序可参见图 7.20，应用范围和触发时机等信息参见表 7.2。

图 7.20　Angular 2 的组件生命周期函数

表 7.2　生命周期钩子函数总结

函数	应用范围	目的和触发时机
ngOnChanges	组件和指令	在 ngInit 之前触发，当 Angular 设置数据绑定属性或输入性属性时会得到一个包含当前和之前属性值的对象（SimpleChanges）
ngOnInit	组件和指令	只调用一次，在设置完输入性属性后，通过这个函数初始化组件或指令
ngDoCheck	组件和指令	在 ngInit 之后，每次检测到变化时触发，可以在此检查一些 angular 自身无法检查的变化
ngAfterContentInit	组件	在 ngDoCheck 后触发，只调用一次，把要装载到组件视图的内容初始化后
ngAfterContentChecked	组件	ngAfterContentInit 之后每次 ngDoCheck 都会在之后触发 ngAfter-ContentChecked，对要装载到组件视图的内容进行检查后
ngAfterViewInit	组件	在第一个 ngAfterContentInit 被调用后触发，只调用一次，在 angular 初始化视图后响应
ngAfterViewChecked	组件	在 ngAfterViewInit 后及每个 ngAfterContentChecked 后触发
ngOnDestroy	组件和指令	在组件或指令被销毁前，清理环境，可以在此处取消 Observable 的订阅

指令也有类似的生命周期"钩子"函数，除了一些组件特有的函数外。

下面这段代码展现了如何利用 ngOnInit 这个钩子函数：

```
export class PeekABoo implements OnInit {
  constructor(private logger: LoggerService) { }

  // implement OnInit's 'ngOnInit' method
  ngOnInit() { this.logIt('OnInit'); }

  logIt(msg: string) {
    this.logger.log('#${nextId++} ${msg}');
  }
}
```

钩子函数的接口（比如上面例子中的 OnInit）从纯技术的角度来说不是必须的，这是由于 JavaScript 本身没有接口这个概念，而 TypeScript 最终是转换成 JavaScript 的。

Angular 其实是通过检查指令或组件的类中是否定义了相关方法来进行的，比如上面例子中即使不实现 OnInit 接口，只要定义了 ngOnInit() 方法，Angular 就会在对应的生命周期调用这个方法。但是还是推荐大家使用接口，因为强类型会给我们带来其他好处。

> 本章代码：https://github.com/wpcfan/awesome-tutorials/tree/chap07/angular2/ng2-tut
> 打开命令行工具使用 git clone https://github.com/wpcfan/awesome-tutorials 下载。
> 然后键入 git checkout chap07 切换到本章代码。

7.7 小练习

1. 练习更多缓动函数动画效果，请尝试自己做一个小球从空中掉落，越弹越低直至最终停止的动画。可以到 http://easings.net/ 参考各种缓动函数。
2. 练习更多关键帧动画效果，试着自己做一个抛物线动画，想想怎么做？
3. 用 json-sever 做一个 Web API，自己试着用 Postman 访问各个 API，熟悉其中的操作和观察操作结果。

第 8 章

Rx——隐藏在 Angular 中的利剑

Rx（Reactive Extension，响应式扩展，参见 http://reactivex.io）最近在各个领域都非常火。其实 Rx 是微软在好多年前针对 C# 写的一个开源类库，但好多年都不温不火，一直到 Netflix 针对 Java 平台做出了 RxJava 版本后才在开源社区受到追捧。

这里还有个小故事，Netflix 之所以做 RxJava 完全是一个偶然。个中缘由是由于 Netflix 的系统越做越复杂，大家都绞尽脑汁琢磨怎么才能从这些复杂逻辑的地狱中把系统拯救出来。一天，一个从微软跳槽过来的员工和主管说，我们原来在微软做的一个叫 Rx 的东东挺好，可以非常简单地处理这些逻辑。主管理都没理，心想微软那套东西肯定又臃肿又不好用，从来没听说过微软有什么好的开源产品。但那位前微软员工锲而不舍，非常执着，不断和组内员工和主管游说，宣传这个 Rx 思想有多牛。终于有一天，大家受不了了，说，这么着吧，给你个机会，你给大家仔细讲讲 Rx，我们讨论看看到底适不适合。于是他一番言语，把大家都惊住了，微软竟然有这么好的东西。但是这东西是 .NET 的，怎么办呢？那就写一个吧。

八卦讲完，进入正题，什么叫响应式编程呢？这里引用一下 Wikipedia 的解释：

在计算领域，响应式编程是一种面向数据流和变化传播的编程范式。这意味着可以在编程语言中很方便地表达静态或动态的数据流，而相关的计算模型会自动将变化的值通过数据流进行传播。

这都说的什么啊？没关系，概念永远是抽象的，我们来举几个例子。比如在传统的编程中，a=b+c 表示将表达式的结果赋给 a，而之后改变 b 或 c 的值不会影响 a。但在响应式编程中，a 的值会随着 b 或 c 的更新而更新。Rx 学习曲线比较陡峭，所以这一章篇幅比较长，我们尽量对于每一个概念都举例说明，希望可以帮你理解。

图 8.1 是传统编程，没什么好说的，尽管 b、c 变化了，但是肯定不会影响 a 的。

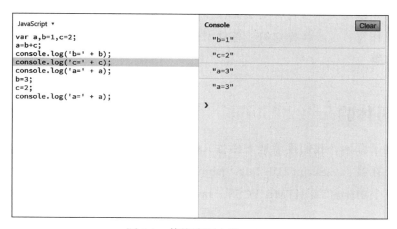

图 8.1　传统编程中的 a=b+c

那么用响应式编程方法写出来如图 8.2 所示，可以看到，随着 b 和 c 的变化，a 也会随之变化。

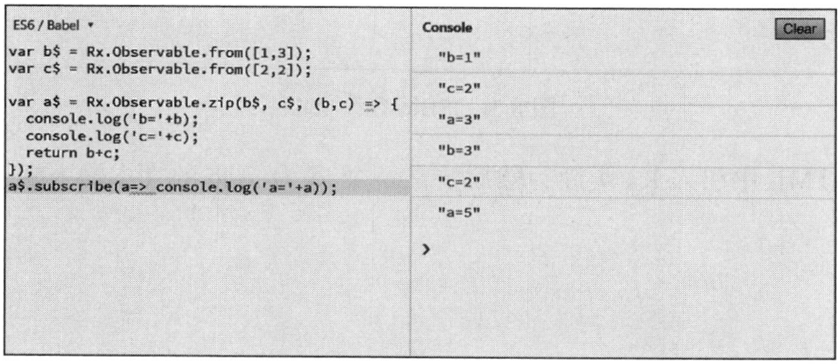

图 8.2　响应式编程版本的 a=b+c

看出来一些不一样的思维方式了吗？响应式编程需要描述数据流，而不是单个点的数据变量，我们需要把数据的每个变化汇聚成一个数据流。如果说传统编程方式基于离散的点，那么响应式编程就是线。

上面的代码虽然很短，但体现出 Rx 的一些特点：

- Lamda 表达式，就是那个看上去像箭头的东西 =>。你可以把它想象成一个数据流的指向，我们从箭头左方取得数据流，在右方做一系列处理后输出成另一个数据流或者做一些其他对于数据的操作。
- 操作符：这个例子中的 from、zip 都是操作符。Rx 中有太多的操作符，从大类上讲分为：创建类操作符、变换类操作符、过滤类操作符、合并类操作符、错误处理类操作符、工具类操作符、条件型操作符、数学和聚集类操作符、连接型操作符，等等。

8.1 Rx 再体验

还是从例子开始，我们逐渐地来熟悉 Rx。为了更直观地看到 Rx 的效果，推荐大家去 JSBin 这个在线 JavaScript IDE http://jsbin.com 去实验下面的练习。这个 IDE 非常方便，一共有 5 个功能窗口：HTML、CSS、JavaScript、Console 和 Output，如图 8.3 所示。

图 8.3　JSBin 在线 IDE

首先在 HTML 中引入 Rx 类库，然后定义一个 id 为 todo 的文本输入框：

```
<!DOCTYPE html>
<html>
<head>
  <meta charset="utf-8">
  <meta name="viewport" content="width=device-width">
  <title>JS Bin</title>
  <script src="https://unpkg.com/@reactivex/rxjs@5.0.0-beta.7/dist/global/
    Rx.umd.js"></script>
</head>
<body>
<input id="todo" type="text"/>
```

```
</body>
</html>
```

在 JavaScript 标签中选择 ES6/Babel，因为这样可以直接使用 ES6 的语法，在文本框中输入以下 javascript。在 RxJS 领域，一般在 Observable 类型的变量后面加上 $ 标识，这是一个"流变量"（由英文 Stream 得来，Observable 就是一个 Stream，所以用 $ 标识），不是必须的，但是属于约定俗成。

```
let todo = document.getElementById('todo');
let input$ = Rx.Observable.fromEvent(todo, 'keyup');
input$.subscribe(input => console.log(input.target.value));
```

如果 Console 窗口默认没有打开，请点击 Console 标签，然后选中右侧的 Run with JS 旁边的 Auto-run JS 复选框。在 Output 窗口中应该可以看到一个文本输入框，在这个输入框中输入任意要试验的字符，观察 Console，如图 8.4 所示。

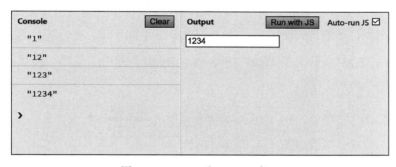

图 8.4　Console 和 Output 窗口

这几行代码很简单：首先我们得到 HTML 中 id 为 todo 的输入框对象，然后定义一个观察者对象将 todo 这个输入框的 keyup 事件转换成一个数据流，最后订阅这个数据流并在 console 中输出我们接收到的 input 事件的值。我们从这个例子中可以观察到几个现象。

- 数据流：你每次在输入框中输入时都会有新的数据被推送过来。本例中，你会发现连续输入"1，2，3，4"，在 console 的输出是"1，12，123，1234"，也就是说，每次 keyup 事件我们都得到了完整的输入框中的值。而且这个数据流是无限的，只要我们不停止订阅，它就会一直在那里待命。
- 我们观察的是 todo 上发生的 keyup 这个事件，那如果我一直按着某个键不放会怎么样呢？你的猜测是对的，一直按着的时候，数据流没有更新，直到你松开按键为止（你看到截图里面有两条一模一样的含有多个 5 的数据，因为我用 Surface

Pro 截图时快捷键也被截获了，但由于是控制键所以文字内容没有改变），如图 8.5 所示。

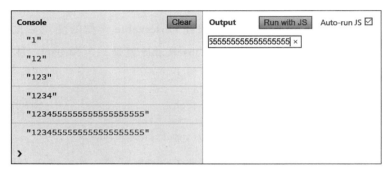

图 8.5　一直按着数字键 5 不放，几秒之后的输出

如果观察得足够仔细，你会发现 console 中输出的值其实是 input.target.value，我们观察的对象其实是 id 为 todo 的这个对象上发生的 keyup 事件（Rx.Observable.fromEvent(todo, 'keyup')）。那么在订阅的代码段中 input 其实是 keyup 事件才对。我们看看到底是什么，将 console.log(input.target.value) 改写成 console.log(input)，看看会怎样呢？是的，我们得到的确实是 KeyboardEvent，如图 8.6 所示。

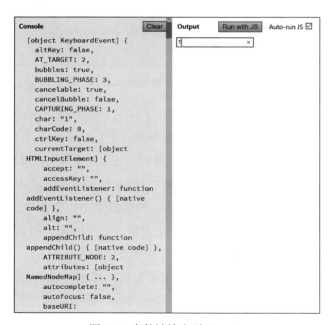

图 8.6　事件被输出到 Console

不太过瘾？那么我们再来做几个小练习，首先将代码改成下面的样子，其实不用讲，你应该也可以猜得到，这是要过滤出 keyCode=32 的事件，keyCode 是 ASCII 码，那么这就是要把空格滤出来：

```
let todo = document.getElementById('todo');
let input$ = Rx.Observable.fromEvent(todo, 'keyup');
input$
  .filter(ev=>ev.keyCode===32)
  .subscribe(ev=>console.log(ev.target.value));
```

结果我们看到了，按数字键 1，2，3，4，5，6，7，8，9 都没有反应，直到按了空格键，触发的数据流如图 8.7 所示。

图 8.7　只在空格键抬起时触发的数据流

你可能一直在奇怪，我们最终只对输入框的值有兴趣，能不能让数据流只传值过来呢？当然可以，使用 map 这个变换类操作符就可以完成这个转换了：

```
let todo = document.getElementById('todo');
let input$ = Rx.Observable.fromEvent(todo, 'keyup');
input$
  .map(ev=>ev.target.value)
  .subscribe(value=>console.log(value));
```

map 这个操作符做的事情就是允许你对原数据流中的每一个元素应用一个函数，然后返回并形成一个新的数据流，这个数据流中的每一个元素都是原来数据流中的元素应用函数后的值。比如下面的例子，对于原数据流中的每个数应用一个函数 10*x，也就是扩大了 10 倍，形成一个新的数据流，如图 8.8 所示。

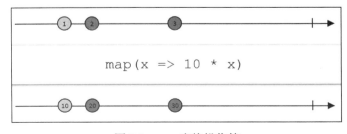

图 8.8　map 变换操作符

8.2 常见操作

最常见的两个操作符我们上面已经了解了，我们继续再来认识新的操作符。类似 .map(ev=>ev.target.value) 的场景太多了，以至于 RxJS 团队设计出一个专门的操作符来应对，这个操作符就是 pluck。这个操作符可以从一系列嵌套的属性中把值提取出来，形成新的流。比如上面的例子可以改写成下面的代码，效果是一样的。那么如果其中某个属性为空怎么办？这个操作符负责返回一个 undefined 作为值加入流中。

```
let todo = document.getElementById('todo');
let input$ = Rx.Observable.fromEvent(todo, 'keyup');
input$
  .pluck('target', 'value')
  .subscribe(value=>console.log(value));
```

下面我们稍微给我们的页面加点料，除了输入框再加一个按钮：

```
<!DOCTYPE html>
<html>
<head>
  <meta charset="utf-8">
  <meta name="viewport" content="width=device-width">
  <title>JS Bin</title>
  <script src="https://unpkg.com/@reactivex/rxjs@5.0.0-beta.7/dist/global/
    Rx.umd.js"></script>
</head>
<body>
  <input id="todo" type="text"/>
  <button id="addBtn">Add</button>
</body>
</html>
```

在 JavaScript 中用同样的方法得到按钮的 DOM 对象以及声明对此按钮点击事件的观察者：

```
let addBtn = document.getElementById('addBtn');
let buttonClick$ = Rx.Observable
  .fromEvent(addBtn, 'click')
  .mapTo('clicked');
```

由于点击事件没有什么可见的值，所以我们利用一个操作符（叫 mapTo）把对应的每次点击转换成字符 clicked。其实它也是一个 map 的简化操作，如图 8.9 所示。

图 8.9　mapTo 操作符将每次点击转换成一个字符 clicked

8.2.1　合并类操作符

1. combineLatest 操作符

既然现在我们已经有了两个流，就应该试验一下合并类操作符了。先来试试 combineLatest，我们合并了按钮点击事件的数据流和文本框输入事件的数据流，并且返回一个对象，这个对象有两个属性，第一个是按钮事件数据流的值，第二个是文本输入事件数据流的值。也就是说，应该是类似 {ev: 'clicked', input: '1'} 这样的结构：

```
Rx.Observable.combineLatest(buttonClick$, input$, (ev, input)=>{
  return {
    ev: ev,
    input: input
  }
})
  .subscribe(value => console.log(value))
```

那看看结果如何，在文本输入框输入 1，没反应，再输入 2，还是没反应，如图 8.10 所示。

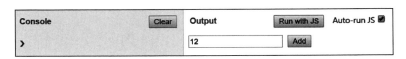

图 8.10　combineLatest 实验一：先输入文本

那我们点击一下按钮试试，这回有结果了，如图 8.11 所示。但有点没明白为什么是 12，输入的数据流应该是：1，12，… 但那个 1 怎么丢了呢？

再来文本框输入 3，4 看看，这回数字倒是都显示出来了，如图 8.12 所示。

我们来解释一下 combineLatest 的机制就会明白了，如图 8.13 所示，上面的两条线是两个源数据流（我们分别叫它们源 1 和源 2），经过 combineLatest 操作符后产生了最下面的数据流（我们称它为结果流）。

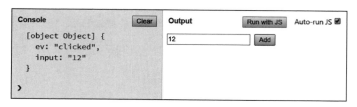

图 8.11　combineLatest 实验二：点击按钮

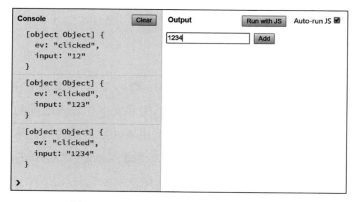

图 8.12　combineLatest 实验二：再次输入

当源 1 的数据流发射时，源 2 没有数据，这时候结果流也不会有数据产生。当源 2 发射第一个数据（图中 A）后，combineLatest 操作符做的处理是，把 A 和源 1 最近产生的数据（图中 2）组合在一起，形成结果流的第一个数据（图中 2A）。当源 2 产生第二个数据（图中 B）时，源 1 这时没有新的数据产生，那么还是用源 1 中最新的数据（图中 2）和源 2 中最新的数据（图中 B）组合。

也就是说，combineLatest 操作符其实是在组合的两个源数据流中选择最新的两个数据进行配对，如果其中一个源之前没有任何数据产生，那么结果流也不会产生数据。这个操作符的流程示意图可以参见图 8.13。

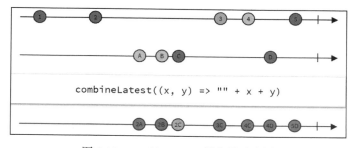

图 8.13　combineLatest 操作符示意图

讲到这里，有读者会问，原理是明白了，但什么样的实际需求会需要这个操作符呢？其实有很多，这里只举一个小例子，现在健身这么热，比如说我们做一个简单的 BMI 计算器，BMI 的计算公式是：体重（公斤）/（身高 * 身高）（米²）。那么我们在页面给出两个输入框和一个用于显示结果的 div：

```
<!DOCTYPE html>
<html>
<head>
  <meta charset="utf-8">
  <meta name="viewport" content="width=device-width">
  <title>JS Bin</title>
  <script src="https://unpkg.com/@reactivex/rxjs@5.0.0-beta.7/dist/global/
    Rx.umd.js"></script>
</head>
<body>
  Weight: <input type="number" id="weight"> kg
  <br/>
  Height: <input type="number" id="height"> cm
  <br/>
  Your BMI is <div id="bmi"></div>
</body>
</html>
```

那么在 JavaScript 中，我们想要达成的结果是只有两个输入框都有值的时候才能开始计算 BMI，这时你发现 combineLatest 的逻辑不要太顺溜：

```
let weight = document.getElementById('weight');
let height = document.getElementById('height');
let bmi = document.getElementById('bmi');

let weight$ = Rx.Observable
    .fromEvent(weight, 'input')
    .pluck('target', 'value');

let height$ = Rx.Observable
    .fromEvent(height, 'input')
    .pluck('target', 'value');

let bmi$ = Rx.Observable
  .combineLatest(weight$, height$, (w, h) => w/(h*h/100/100));

bmi$.subscribe(b => bmi.innerHTML=b);
```

这样的代码在浏览器中的输出如图 8.14 所示。

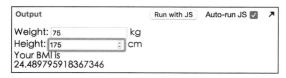

图 8.14　简单的 BMI 计算器

2. zip 操作符

除了 combineLatest，RxJS 还提供了多个合并类的操作符，我们再试验一个 zip 操作符。zip 和 combineLatest 非常像，但重要的区别点在于 zip 严格需要多个源数据流中的每一个相同顺序的元素配对。

比如说还是上面的例子，zip 要求源 1 的第一个数据和源 2 的第一个数据组成一对，产生结果流的第一个数据；源 1 的第二个数据和源 2 的第二个数据组成一对，产生结果流的第二个数据。而 combineLatest 不需要等待另一个源数据流产生数据，只要有一个产生，结果流就会产生。

那么这个 zip 的流程示意图参见图 8.15。

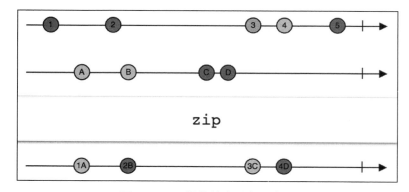

图 8.15　zip 操作符有对齐的特性

zip 这个词在英文中有拉链的意思，记住这个有助于我们理解这个操作符，就像拉链一样，它需要拉链两边的齿一一对应。从效果角度上讲，这个操作符有减缓发射速度的作用，因为它会等待合并序列中最慢的那个。

下面我们还看个例子，在第 7 章中使用 Bing Image API 变换背景时，我最开始的想法是取得图片数组后，把这个数组中的元素每隔一段时间发送出去一个，这样组件端就不用关心图片变化的逻辑，只要服务发射一个地址，我加载就行了。我就是用 zip 来实现的，我们在这个逻辑中有两个源数据流：基于一个数组生成的数据流以及一个时间间隔数据流。前者的发射速度非常快，后者则速度均匀，我们希望按后者的速度对齐前者，以达到每隔一段时间发射前者的数据的目的：

```
yieldByInterval(items, time) {
  return Observable.from(items).zip(
    Observable.interval(time),
    (item, index) => item
  );
}
```

为了更好地让大家体会，我改写一个纯 JavaScript 版本，它可以在 JSBin 上面直接运行，它的本质逻辑和上面讲的相同：

```
let greetings = ['Hello', 'How are you', 'How are you doing'];
let time = 3000;
let item$ = Rx.Observable.from(greetings);
let interval$ = Rx.Observable.interval(time);

Rx.Observable.zip(
  item$,
  interval$,
  (item, index) => {
    return {
      item: item,
      index: index
    }
  }
)
  .subscribe(result =>
    console.log(
      'item: ' + result.item +
      ' index: ' + result.index +
      ' at ' + new Date()));
```

我们看到结果如图 8.16 所示，每隔 3000 毫秒，数组中的欢迎文字输出一次。

3. merge 操作符

merge 的操作就更简单一些，它把两个流的元素混在一起，合并成一个，完全按各自的时间顺序，不会等待另一个流，也不会对两个做什么操作，就是简单地合并成一个流。这个应用的场景是我们对顺序是不敏感的,也就是说,所有参与合并的流是没有顺序依赖的。

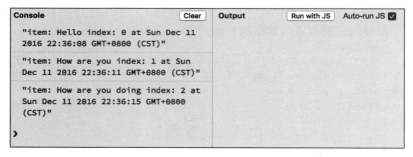

图 8.16 zip 操作符示例

尽管在很多情况下,merge 的操作结果其实和 concat(有严格顺序要求,完全没有重叠)很像,但 merge 是有重复的可能性的,尤其是在多线程操作中。

还是举例说明,我们改造一下 BMI 计算器示例中的那个 HTML,还是两个输入框和一个显示结果的 div,但去掉了单位以及更改了名称。

```
<!DOCTYPE html>
<html>
<head>
  <meta charset="utf-8">
  <meta name="viewport" content="width=device-width">
  <title>JS Bin</title>
  <script src="https://unpkg.com/@reactivex/rxjs@5.0.0-beta.7/dist/global/
    Rx.umd.js"></script>
</head>
<body>
  A: <input type="number" id="a">
  <br/>
  B: <input type="number" id="b">
  <br/>
  Result is <div id="r"></div>
</body>
</html>
```

对应的 JavaScript 是这样的,我们从 a 输入框得到数据流 a$,从 b 输入框得到数据流 b$,然后用 merge 将它们合并成一个流,将结果显示在页面中。

```
let a = document.getElementById('a');
```

```
let b = document.getElementById('b');
let result = document.getElementById('r');

let a$ = Rx.Observable
    .fromEvent(a, 'input')
    .pluck('target', 'value');

let b$ = Rx.Observable
    .fromEvent(b, 'input')
    .pluck('target', 'value');

let result$ = Rx.Observable
  .merge(a$, b$);

result$.subscribe(s => result.innerHTML=s);
```

那么你可以在 A 和 B 两个输入框中分别输入值，观察结果，你会发现，无论哪个输入框有值，结果都会显示那个值，如图 8.17 所示。

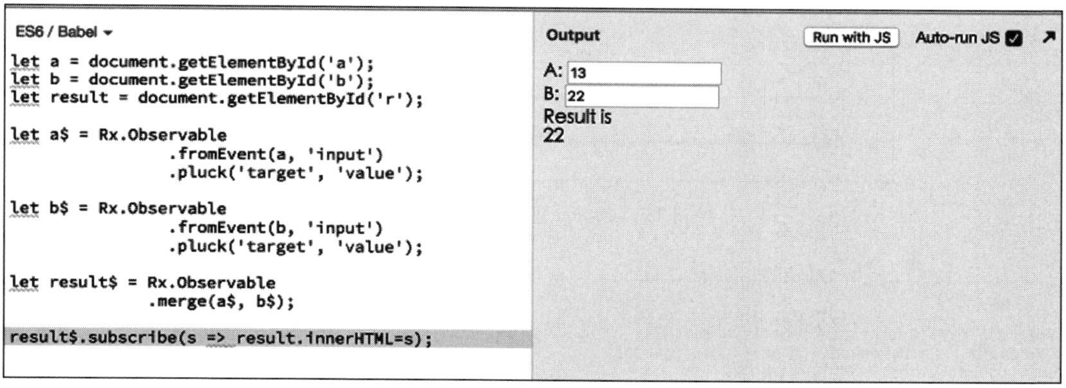

图 8.17 merge 操作符的示例

merge 操作符的流程图可以参见图 8.18。

4. concat 操作符

有时候我们希望严格等待某个流结束后再合并另一个流，这时候就要用到 concat 这个操作符了。concat 其实不算合并类操作符，事实上，它是一个数学和聚集类的操作符，因为它连接两个流，没有任何重叠的可能，具体示例如图 8.19 所示。

所以下面的代码中，奇数的流发射完毕后，才会发射偶数流，即便奇数流发射速度慢，偶数流也会等待奇数流完毕后才接上去发射，如图 8.20 所示。

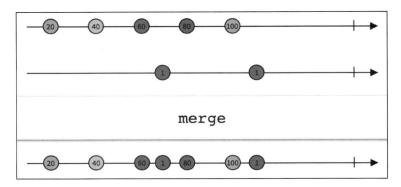

图 8.18 merge 就是把两个流的元素合并成一个流

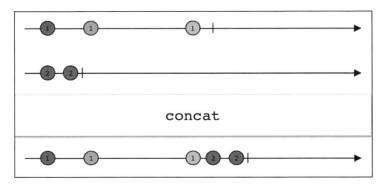

图 8.19 concat 连接操作符的示例

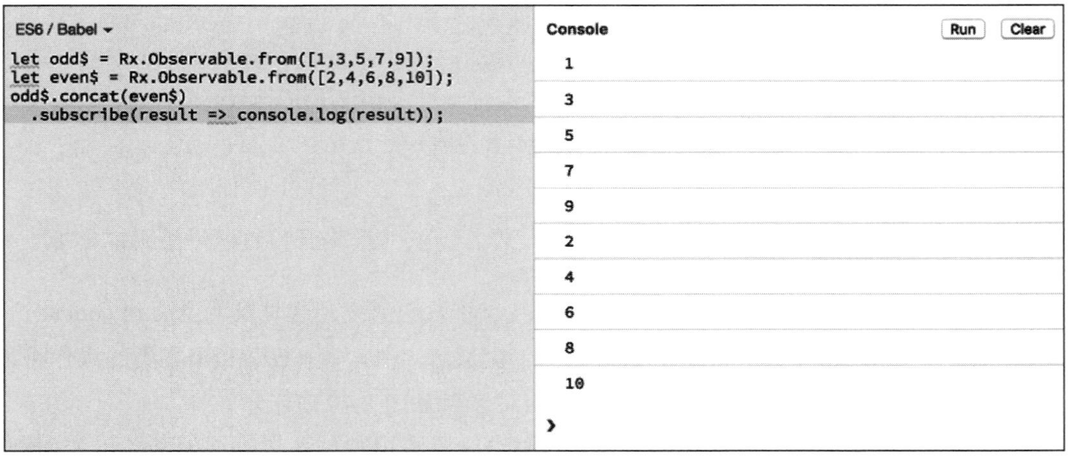

```
ES6 / Babel
let odd$ = Rx.Observable.from([1,3,5,7,9]);
let even$ = Rx.Observable.from([2,4,6,8,10]);
odd$.concat(even$)
    .subscribe(result => console.log(result));
```

```
Console
1
3
5
7
9
2
4
6
8
10
>
```

图 8.20 concat 操作符示例

这几个操作符应该是 Rx 中最常用的合并类操作符了。其他的操作符大家可以去 http://reactivex.io/documentation/operators.html 查看，注意不是所有的操作符 RxJS 都有。而且 RxJS 5.0 目前整体的趋势是减少不必要的以及冗余的操作符，所以我们只介绍最常用的一些操作符。

8.2.2　创建类操作符

通常来讲，Rx 团队不鼓励新手自己从 0 开始创建 Observable，因为状态太复杂，会遗漏一些问题。Rx 鼓励的是通过已有的大量创建类转换操作符来去建立 Observable。我们其实之前已经见过一些了，包括 from 和 fromEvent。

1. from 操作符

from 可以支持从数组、类似数组的对象、Promise、iterable 对象或类似 Observable 的对象（其实这个主要指 ES2015 中的 Observable）来创建一个 Observable。

这个操作符应该是可以创建 Observable 的操作符中最常使用的一个，因为它几乎可以把任何对象转换成 Observable。

```
var array = [10, 20, 30];
var result$ = Rx.Observable.from(array);
result$.subscribe(x => console.log(x));
```

流程如图 8.21 所示：

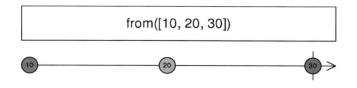

图 8.21　from 转换一个数组为 Observable

2. fromEvent 操作符

这个操作符是专门为事件转换成 Observable 而制作的，非常强大且方便。对于前端来说，这个方法用于处理各种 DOM 中的事件再方便不过了。比如下面的代码就是监听页面的点击事件然后在每次点击时在 console 中输出这个事件。

```
var click$ = Rx.Observable.fromEvent(document, 'click');
click$.subscribe(x => console.log(x));
```

fromEvent 操作符将一次次发生的事件转换成了事件流，如图 8.22 所示。

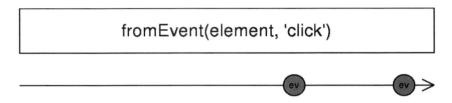

图 8.22　fromEvent 转换事件为 Observable

3. fromEventPattern

我们经常会遇到一些已有的代码，这些代码和类库往往不受我们的控制，无法重构或代价太大。如果我们需要在这种情况下可以利用 Rx，就需要大量的可以从原有的代码中转换的方法。addXXXHandler 和 removeXXXHandler 就是大家以前经常使用的一种模式，那么在 Rx 中也提供了对应的方法可以转换，那就是：

```
function addClickHandler(handler) {
  document.addEventListener('click', handler);
}

function removeClickHandler(handler) {
  document.removeEventListener('click', handler);
}

var click$ = Rx.Observable.fromEventPattern(
  addClickHandler,
  removeClickHandler
);
click$.subscribe(x => console.log(x));
```

对于有 addXXXHandler 和 removeXXXHandler 的代码来说，转换成事件流最佳方式是利用 fromEventPattern 操作符。流程如图 8.23 所示：

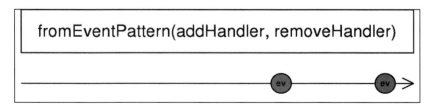

图 8.23　fromEventPattern 专门处理 addHandler/removeHandler

4. defer 操作符

defer 是直到有订阅者之后才创建 Observable，而且它为每个订阅者都会这样做，也就是说其实每个订阅者都是接收到自己的单独数据流序列，如图 8.24 所示。

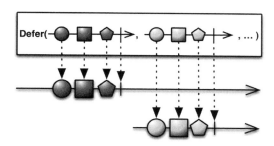

图 8.24　defer 操作符为每个订阅者单纯创建序列

用一段代码来示意一下，用 defer 之后每次有新的订阅，订阅者都会收到单独的序列，也就是说两个订阅者的话，而且它们订阅的时间间隔了 1 秒，它们收到的结果也是间隔 1 秒，因为其实是：

```
Rx.Observable.defer(()=>{
  let result = doHeavyJob();
  return result?'success':'failed';
})
  .subscribe(x=>console.log(x))

function doHeavyJob(){
  setTimeout(function() {console.log('doing something');}, 2000);
  return true;
}
```

5. Interval

Rx 提供内建的可以创建和计时器相关的 Observable 方法，第一个是 Interval，它可以在指定时间间隔发送整数的自增长序列。图 8.25 描述了 interval 产生一个整数数据流的方式。

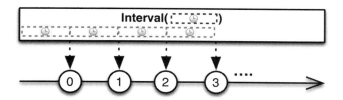

图 8.25　Interval 在指定时间间隔发送整数序列

例如下面代码，我们每隔 500 毫秒发送一个整数，这个数列是无穷的，我们取前三个好了：

```
let source = Rx.Observable
  .interval(500 /* ms */)
  .take(3);

let subscription = source.subscribe(
  function (x) {
    console.log('Next: ' + x);
  },
  function (err) {
    console.log('Error: ' + err);
  },
  function () {
    console.log('Completed');
  });
```

那么输出如图 8.26 所示。

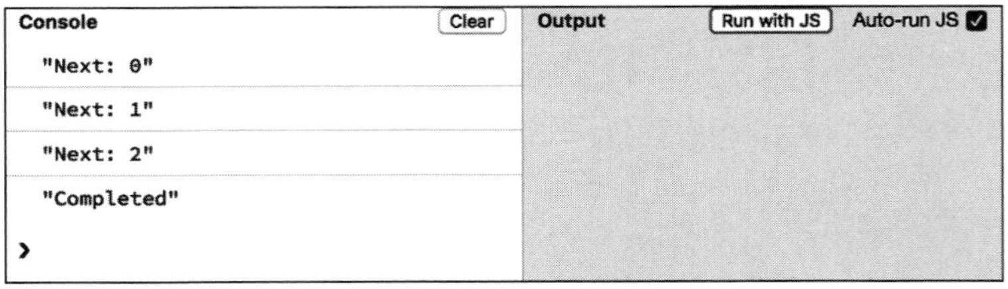

图 8.26　Interval 每隔 500 毫秒发送一个整数，取前三个的结果

这里大家可能注意到我们没有采用箭头的方式，而是用传统的写法，写了 function(x){...}，哪种方式其实都可以，箭头方式会更简单。

另一个需要注意的地方是，在 subscribe 方法中我们多了 2 个参数：一个处理异常，一个处理完成。Rx 认为所有的数据流会有三个状态：next，error 和 completed。这三个函数就是分别处理这三种状态的，当然如果我们不写某个状态的处理，也就意味着我们认为此状态不需要特别处理。而且有些序列是没有 completed 状态的，因为是无限序列。本例中，如果我们去掉 .take(3) 那么 completed 是永远无法触发的。

6. Timer

下面我们来看看 Timer，一共有 2 种形式的 Timer，一种是指定时间后返回一个序列中只有一个元素（值为 0）的 Observabl：

```
// 这里指定一开始的 delay 时间
// 也可以输入一个 Date，比如"2016-12-31 20:00:00"
// 这样变成了在指定的时间触发
let source = Rx.Observable.timer(2000);

let subscription = source.subscribe(
  x => console.log('Next: ' + x),
  err => console.log('Error: ' + err),
  () => console.log('Completed'));
```

第一种 Timer 的流程示意图可以参见图 8.27。

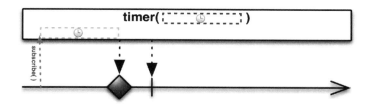

图 8.27　不指定间隔时间时，Timer 只发射 1 个元素

第二种 Timer 很类似于 Interval，流程示意图如图 8.28 所示。除了第一个参数是一开始的延迟时间，第二个参数是间隔时间，也就是说，在一开始的延迟时间后，每隔一段时间就会返回一个整数序列。这个和 Interval 基本一样，除了 Timer 可以指定什么时间开始（延迟时间）：

```
var source = Rx.Observable.timer(2000, 100)
  .take(3);

var subscription = source.subscribe(
  x => console.log('Next: ' + x),
  err => console.log('Error: ' + err),
  () => console.log('Completed'));
```

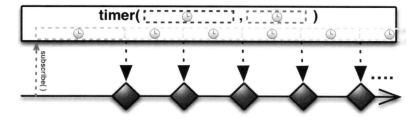

图 8.28　第二种 Timer 和 Interval 很像

当然还有其他创建类的操作符，大家可以去 http://reactivex.io/documentation/operators 查阅自行试验一下。

8.2.3 过滤类操作符

之前我们见过好几个过滤类操作符：filter、distinct、take 和 debounce。

1. filter

Filter 操作只允许数据流中满足其 predicate 测试的元素发射出去，这个 predicate 函数接受 3 个参数：

- 原始数据流元素。
- 索引，指该元素在源数据流中的位置（从 0 开始）。
- 源 Observable 对象。

如下的代码将 0-5 中偶数过滤出来：

```
let source = Rx.Observable.range(0, 5)
  .filter(function (x, idx, obs) {
    return x % 2 === 0;
  });

let subscription = source.subscribe(
    x => console.log('Next: ' + x),
    err => console.log('Error: ' + err),
    () => console.log('Completed'));
```

Filter 的流程示意图参见图 8.29。

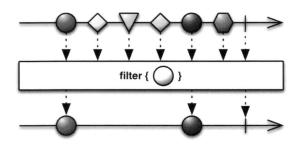

图 8.29　Filter 是可以依据一个函数来过滤数据流

2. debounceTime

对于一些发射频率比较高的数据流，我们有时会想给它安个"整流器"。比如在一个搜索框中，输入一些字符后希望出现一些搜索建议，这是个非常好的功能，很多时候可以减少用户的输入。

但是由于这些搜索建议需要联网完成数据的传递，如果太频繁操作的话，对于用户的数据流量和服务器的性能承载都是有副作用的。所以我们一般希望在用户连续快速输入时不去搜索，而是等待有相对较长的间隔时再去搜索。

下面的代码从输入上做了这样的一个"整流器"，滤掉了间隔时间小于 400 毫米的输入事件（输入本身不受影响），只有用户出现较明显的停顿时才把输入值发射出来：

```
let todo = document.getElementById('todo');
let input$ = Rx.Observable.fromEvent(todo, 'keyup');
input$
  .debounceTime(400)
  .subscribe(input => console.log(input.target.value));
```

快速输入"12345"，在这种情况下得到的是一条数据，如图 8.30 所示。

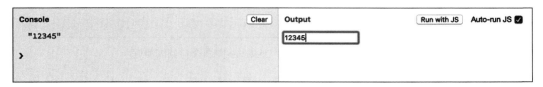

图 8.30　快速输入 12345 得到一条数据

但如果不应用 debounceTime，我们得到 5 条记录，如图 8.31 所示。

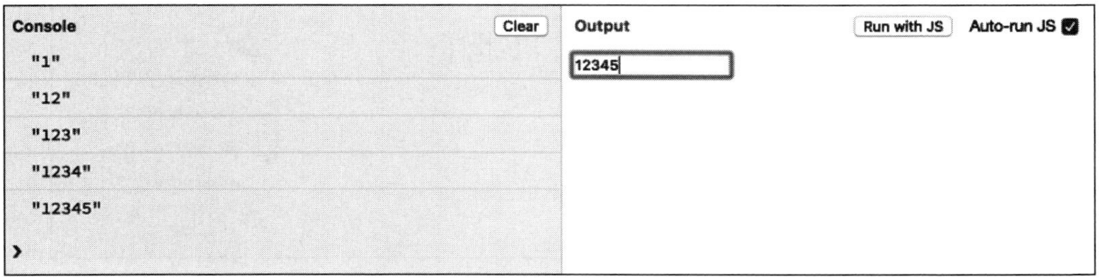

图 8.31　不应用 debounceTime 的结果

其他的过滤类操作符也很有趣，比如 Distinct 就是可以把重复的元素过滤掉，skip 就可以跳过几个元素等等，可以自行研究，这里就不一一举例了。

Rx 的操作符实在太多了，我只能列举一些较常见的给大家介绍一下，其他的建议大家去官方文档学习。

8.2.4 Subject

什么是 Subject？在 RxJS 中，Subject 是一类特殊的 Observable，因为它同时实现了 Observer 和 Observable 接口。

每一个 Subject 都是一个 Observable（可观察对象）对于一个 Subject，你可以订阅（subscribe）它，Observer 会和往常一样接收到数据。每一个 Subject 也可以作为 Observer（观察者）Subject 同样也是一个由 next，error，和 complete 这些方法组成的对象。调用 next(value) 方法后，Subject 会向所有已经在其上注册的 Observer 推送值（value）。小例子的运行结果如图 8.32 所示。

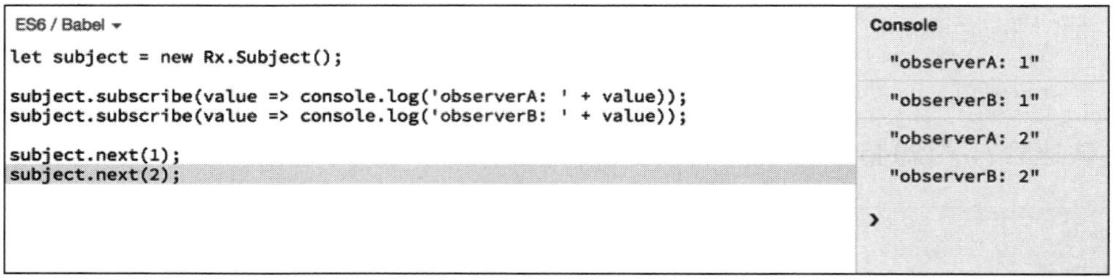

图 8.32　subject 可以作为 Observer 向多个订阅者推送

既然 Subject 是一个 Observer，你可以把它作为 subscribe 普通 Observable 时的参数。运行的效果如图 8.33 所示。

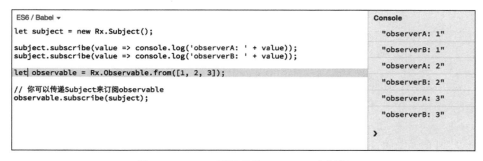

图 8.33　subjet 可以作为 Observer 来订阅

1. BehaviorSubject

BehaviorSubject 是 Subject 的一个衍生类，它保存"最近的一个值"。它当一个 Observer 订阅后，它会即刻从 BehaviorSubject 收到最近的一个值。

如图 8.34 所示，当第一个 subscribe 时，我们得到了最近的值：0，然后由于 subject

推送了新的 2 个值：1 和 2，因此第一个 subscribe 继续得到了 1 和 2。这时第二个 subscribe 订阅了，此时最近的值为 2，随后 subject 又推送了 3，这时两个订阅者都得到了这时候的最近的值 3。

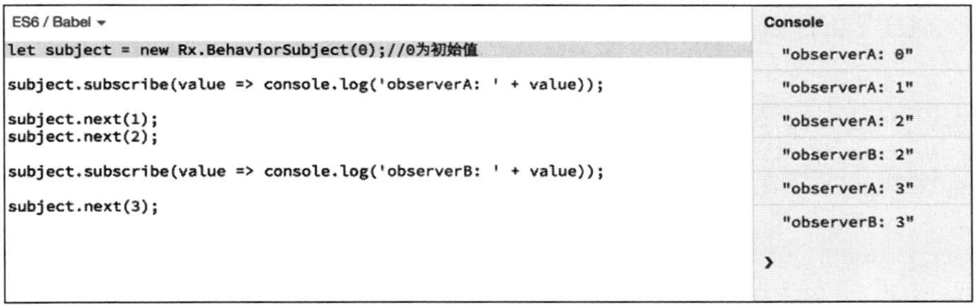

图 8.34　BehaviorSubject 保留最近的一个值

2. ReplaySubject

BehaviorSubject 仅能提供最近的一个值，而 ReplaySubject 可以提供 n 个最近的值。如图所示，尽管第二个订阅时 1，2 已经发送完成了，但订阅者还是会收到 1 和 2。小例子的运行结果如图 8.35 所示。

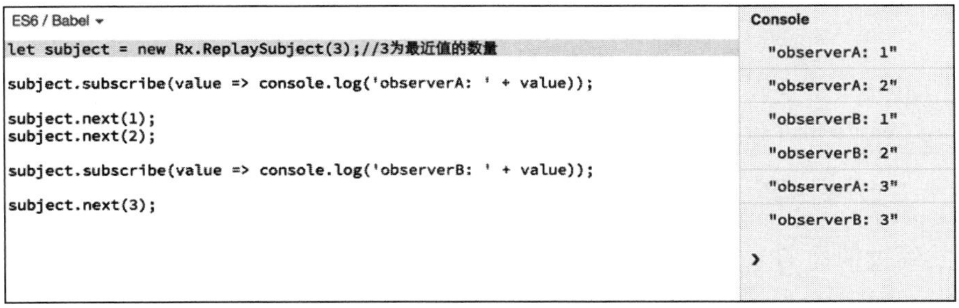

图 8.35　ReplaySubject 有回放最近的 n 个值的功能

8.3　Angular 2 中的内建支持

Angular 2 中对于 Rx 的支持是怎么样的呢？先试验一下吧，简单粗暴的一个组件模板页面：

```
<p>
  {{clock}}
</p>
```

和在组件中定义一个简单粗暴的成员变量：

```
import { Component } from '@angular/core';

import { Observable } from 'rxjs/Observable';
import 'rxjs/add/observable/interval';

@Component({
  selector: 'app-playground',
  templateUrl: './playground.component.html',
  styleUrls: ['./playground.component.css']
})
export class PlaygroundComponent{
  clock = Observable.interval(1000);

  constructor() { }

}
```

搞定！打开浏览器，显示了一个 [object Object]（见图 8.36），晕倒。

图 8.36　直接把 Observable 对象显示在页面中的效果：啥也没有

当然经过前面的学习，我们知道 Observable 是个异步数据流，我们可以把代码改写一下，在订阅方法中去赋值就一切 ok 了，运行结果见图 8.37。

```
import { Component } from '@angular/core';

import { Observable } from 'rxjs/Observable';
import 'rxjs/add/observable/interval';

@Component({
  selector: 'app-playground',
  templateUrl: './playground.component.html',
  styleUrls: ['./playground.component.css']
})
export class PlaygroundComponent{
```

```
clock: number;

constructor() {
  Observable.interval(1000)
    .subscribe(value => this.clock= value)
}
}
```

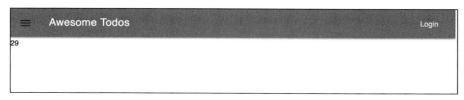

图 8.37　利用 subscribe 赋值成功显示的效果

但是这样做还是有一个问题，我们加入一个 do 操作符，在每次订阅前去记录就会发现一些问题。当我们离开页面再回来，每次进入都会创建一个新的订阅，但原有的没有释放：

```
Observable.interval(1000)
  .do(_ => console.log('observable created'))
  .subscribe(value => this.clock= value);
```

观察 console 中在 'observable created' 之前的数字和页面显示的数字，大概是页面每增加 1，console 的数字增加 2，这说明我们后面运行着 2 个订阅，如图 8.38 所示。

图 8.38　原有的订阅没有释放掉

原因是我们没有在页面销毁时取消订阅，那么我们利用生命周期的 onDestroy 来完成这一步：

```
import { Component, OnDestroy } from '@angular/core';

import { Observable } from 'rxjs/Observable';
import { Subscription } from 'rxjs/Subscription';
```

```typescript
import 'rxjs/add/observable/interval';

@Component({
  selector: 'app-playground',
  templateUrl: './playground.component.html',
  styleUrls: ['./playground.component.css']
})
export class PlaygroundComponent implements OnDestroy{
  clock: number;
  subscription: Subscription;

  constructor() {
    this.subscription = Observable.interval(1000)
      .do(_ => console.log('observable created'))
      .subscribe(value => this.clock= value);
  }

  ngOnDestroy(){
    if(this.subscription !== undefined)
      this.subscription.unsubscribe();
  }
}
```

现在再来观察，同样进入并离开再进入页面后，页面每增加 1，console 也会增加 1，运行结果如图 8.39 所示。

图 8.39　通过 onDestory 中 unsubscribe 来防止内存泄露

8.3.1　Async 管道

现在看起来还是挺麻烦的，有没有更简单的方法呢？答案当然是肯定的：Angular 2 提供一个管道叫：async，有了这个管道，我们无需管理琐碎的取消订阅，以及订阅了。

让我们回到最开始的简单粗暴版本，模板文件稍微改写一下：

```
<p>
  {{ clock | async }}
</p>
```

这个 | async 是什么东东？async 是 Angular 2 提供的一种转换器，叫管道（Pipe）。| 这个符号表示后面是个管道，要把它应用到前面的内容上。

每个应用开始的时候差不多都是一些简单任务：获取数据、转换它们，然后把它们显示给用户。一旦取到数据，我们可以把它们原始值的结果直接显示。但这种做法很少能有好的用户体验。比如，几乎每个人都更喜欢简单的日期格式，几月几号星期几，而不是原始字符串格式——Fri Apr 15 1988 00:00:00 GMT-0700 (Pacific Daylight Time)。通过管道我们可以把不友好的值转换成友好的值显示在页面中。

Angular 内置了一些管道，比如 DatePipe、UpperCasePipe、LowerCasePipe、CurrencyPipe 和 PercentPipe。它们全都可以直接用在任何模板中。Async 管道也是内置管道之一。

当然这样在页面写完管道后，我们的组件版本也回归了简单粗暴版本：

```
import { Component, OnDestroy } from '@angular/core';

import { Observable } from 'rxjs/Observable';
import 'rxjs/add/observable/interval';

@Component({
  selector: 'app-playground',
  templateUrl: './playground.component.html',
  styleUrls: ['./playground.component.css']
})
export class PlaygroundComponent {
  clock = Observable.interval(1000).do(_=>console.log('observable created'));

  constructor() { }

}
```

现在打开浏览器，看一下页面的效果，运行结果如图 8.40 所示。

图 8.40　使用 async pipe 的版本

你做这个试验时很可能会遭遇一个错误，说 async pipe 无法找到，如图 8.41 所示。

这种情况一般是由于 CommonModule 没有导入造成的，遇到这种错误，请导入 CommonModule。

图 8.41　aync pipe 无法找到的错误

8.3.2　Rx 版本的 Todo

这一节我们通过改造我们的待办事项应用来进一步体会 Rx 的威力。首先我们把 TodoService 中原来采用的 Promise 方式都替换成 Observable 的方式。

在进行改动之前，我们来重新分析一下逻辑：我们原有的实现方式中，组件中保留了一个 todos 数组的本地拷贝，服务器 API 逻辑在 Service 中完成。其实组件最好不关心逻辑，即使是本地拷贝的逻辑，也不应该放到组件中。组件本身的数据都是监听 Service 中的数据变化而得到的。

那么我们应该在 Service 中建立本地的内存"数据库"，我们叫它 dataStore 吧。这个"数据库"中只有一个"表"todos：

```
//TodoService.ts
  private dataStore: {  // todos 的内存"数据库"
    todos: Todo[]
  };
```

为了让组件可以监听到这个数据的变化，我们需要一个 Observable，但是在 Service 中我们还需要写入变化，这样的话，我们选择一个既是 Observable 又是 Observer 的对象，在 Rx 中，Subject 就是这样的对象：

```
//TodoService.ts
...
import { BehaviorSubject } from 'rxjs/BehaviorSubject';
@Injectable()
export class TodoService {
    ...
    private _todos: BehaviorSubject<Todo[]>;
    constructor(private http: Http, @Inject('auth') private authService) {
      this.dataStore = { todos: [] };
      this._todos = new BehaviorSubject<Todo[]>([]);
    }
    ...
  get todos(){
    return this._todos.asObservable();
  }
    ...
```

我们使用了一个 BehaviorSubject，它的一个特点是存储了发射的最新值，这样无论什么订阅者订阅时都会得到"当前值"。我们之前通过 ReplaySubject 也实现过类似功能，但 Replay 是可以缓存多个值的。

我们在构造中分别初始化了 dataStore 和 _todos，然后提供了一个 get 的属性方法让其他订阅者可以订阅 todos 的变化。在这个属性方法中，我们把 Subject 转成了 Observable（通过 .asObservable()）。

那么我们如何写入变化呢？拿增加一个代办事项（**addTodo(desc:string)**）的逻辑来看一下吧：

```
addTodo(desc:string){
  let todoToAdd = {
    id: UUID.UUID(),
    desc: desc,
    completed: false,
    userId: this.userId
  };

  this.http
    .post(this.api_url, JSON.stringify(todoToAdd), {headers: this.headers})
    .map(res => res.json() as Todo)
    .subscribe(todo => {
      this.dataStore.todos = [...this.dataStore.todos, todo];
      this._todos.next(Object.assign({}, this.dataStore).todos);
    });
}
```

由于 this.http.post 返回的本身就是 Observable，所以我们不再需要 .toPromise() 这个方法了。直接用 map 将 response 的数据流转换成 Todo 的数据流，然后更新本地数据，然后使用 Subject 的 next 方法（this._todos.next）把本地数据写入数据流。这个 next 的含义就是推送一个新元素到数据流。

按照这种逻辑，我们把整个 TodoService 改造成下面的样子：

```typescript
import { Injectable, Inject } from '@angular/core';
import { Http, Headers } from '@angular/http';
import { UUID } from 'angular2-uuid';

import { Observable } from 'rxjs/Observable';
import { BehaviorSubject } from 'rxjs/BehaviorSubject';

import { Todo } from '../domain/entities';

@Injectable()
export class TodoService {

  private api_url = 'http://localhost:3000/todos';
  private headers = new Headers({'Content-Type': 'application/json'});
  private userId: string;
  private _todos: BehaviorSubject<Todo[]>;
  private dataStore: {   // todos 的内存"数据库"
    todos: Todo[]
  };

  constructor(private http: Http, @Inject('auth') private authService) {
    this.authService.getAuth()
      .filter(auth => auth.user != null)
      .subscribe(auth => this.userId = auth.user.id);
    this.dataStore = { todos: [] };
    this._todos = new BehaviorSubject<Todo[]>([]);
  }

  get todos(){
    return this._todos.asObservable();
  }

  // POST /todos
  addTodo(desc:string){
    let todoToAdd = {
      id: UUID.UUID(),
      desc: desc,
```

```
      completed: false,
      userId: this.userId
    };
    this.http
      .post(this.api_url, JSON.stringify(todoToAdd), {headers: this.headers})
      .map(res => res.json() as Todo)
      .subscribe(todo => {
        this.dataStore.todos = [...this.dataStore.todos, todo];
        this._todos.next(Object.assign({}, this.dataStore).todos);
      });
  }

  // PATCH /todos/:id
  toggleTodo(todo: Todo) {
    const url = '${this.api_url}/${todo.id}';
    const i = this.dataStore.todos.indexOf(todo);
    let updatedTodo = Object.assign({}, todo, {completed: !todo.completed});
    this.http
      .patch(url, JSON.stringify({completed: !todo.completed}), {headers:
        this.headers})
      .subscribe(_ => {
        this.dataStore.todos = [
          ...this.dataStore.todos.slice(0,i),
          updatedTodo,
          ...this.dataStore.todos.slice(i+1)
        ];
        this._todos.next(Object.assign({}, this.dataStore).todos);
      });
  }

  // DELETE /todos/:id
  deleteTodo(todo: Todo){
    const url = '${this.api_url}/${todo.id}';
    const i = this.dataStore.todos.indexOf(todo);
    this.http
      .delete(url, {headers: this.headers})
      .subscribe(_ => {
        this.dataStore.todos = [
          ...this.dataStore.todos.slice(0,i),
          ...this.dataStore.todos.slice(i+1)
        ];
        this._todos.next(Object.assign({}, this.dataStore).todos);
      });
  }
```

```typescript
    // GET /todos
    getTodos(){
      this.http.get('${this.api_url}?userId=${this.userId}')
        .map(res => res.json() as Todo[])
        .do(t => console.log(t))
        .subscribe(todos => this.updateStoreAndSubject(todos));
    }

    // GET /todos?completed=true/false
    filterTodos(filter: string) {
      switch(filter){
        case 'ACTIVE':
          this.http
            .get('${this.api_url}?completed=false&userId=${this.userId}')
            .map(res => res.json() as Todo[])
            .subscribe(todos => this.updateStoreAndSubject(todos));
          break;
        case 'COMPLETED':
          this.http
            .get('${this.api_url}?completed=true&userId=${this.userId}')
            .map(res => res.json() as Todo[])
            .subscribe(todos => this.updateStoreAndSubject(todos));
          break;
        default:
          this.getTodos();
      }
    }

    toggleAll(){
      this.dataStore.todos.forEach(todo => this.toggleTodo(todo));
    }

    clearCompleted(){
      this.dataStore.todos
        .filter(todo => todo.completed)
        .forEach(todo => this.deleteTodo(todo));
    }

    private updateStoreAndSubject(todos) {
      this.dataStore.todos = [...todos];
      this._todos.next(Object.assign({}, this.dataStore).todos);
    }
}
```

接下来我们看一下 src/app/todo/todo.component.ts，由于大部分逻辑已经在 TodoService 中实现了，我们可以删除客户端的逻辑代码，变成简单地调用服务中的方法，使组件彻底的和业务逻辑分开了：

```typescript
import { Component, OnInit, Inject } from '@angular/core';
import { Router, ActivatedRoute, Params } from '@angular/router';
import { TodoService } from './todo.service';
import { Todo } from '../domain/entities';

import { Observable } from 'rxjs/Observable';

@Component({
  templateUrl: './todo.component.html',
  styleUrls: ['./todo.component.css']
})
export class TodoComponent implements OnInit {

  todos : Observable<Todo[]>;

  constructor(
    @Inject('todoService') private service,
    private route: ActivatedRoute,
    private router: Router) {}

  ngOnInit() {
    this.route.params
      .pluck('filter')
      .subscribe(filter => {
        this.service.filterTodos(filter);
        this.todos = this.service.todos;
      })
  }

  addTodo(desc: string) {
    this.service.addTodo(desc);
  }

  toggleTodo(todo: Todo) {
    this.service.toggleTodo(todo);
  }

  removeTodo(todo: Todo) {
    this.service.deleteTodo(todo);
```

```
  }
  toggleAll(){
    this.service.toggleAll();
  }
  clearCompleted(){
    this.service.clearCompleted();
  }
}
```

可以看到 addTodo、toggleTodo、removeTodo、toggleAll 和 clearCompleted 基本上已经没有业务逻辑代码了，只是简单调用 service 的方法而已。

还有一个比较明显的变化是，我们接收路由参数的方式也变成了 Rx 的方式，之前我们提过，像 Angular 2 这种深度嵌合 Rx 的平台框架，几乎处处都有 Rx 的影子。

当然，我们组件中的 todos 变成了一个 Observable，在构造时直接把 Service 的属性方法 todos 赋值上去了。这样改造后，我们只需改动模板的两行代码就大功告成了，那就是替换原有的 ="todos..." 为 ="todos | async"。请注意这个通道（Pipe）是需要直接应用于 Observable 的，也就是说如果我们要显示 todos.length，我们应该写成 (todos | async).length：

```
<div>
  <app-todo-header
    placeholder="What do you want"
    (onEnterUp)="addTodo($event)" >
  </app-todo-header>
  <app-todo-list
    [todos]="todos | async"
    (onToggleAll)="toggleAll()"
    (onRemoveTodo)="removeTodo($event)"
    (onToggleTodo)="toggleTodo($event)"
    >
  </app-todo-list>
  <app-todo-footer
    [itemCount]="(todos | async)?.length "
    (onClear)="clearCompleted()">
  </app-todo-footer>
</div>
```

启动浏览器看看吧，一切功能正常（见图 8.42），代码更加简洁，逻辑更加清楚。

图 8.42　改造成的响应式 Todo，所有功能一切正常

> 本章代码：https://github.com/wpcfan/awesome-tutorials/tree/chap08/angular2/ng2-tut
> 打开命令行工具使用 git clone https://github.com/wpcfan/awesome-tutorials 下载。然后键入 git checkout chap08 切换到本章代码。

8.4　小练习

学习完本章，你应该可以处理较复杂的逻辑了。熟悉 Rx 的方式就是不断练习，尤其是在什么情况下采用什么操作符，以及如何将一系列操作串起来。

1. 我们目前的 TodoService 中，得到 UserId 和其他逻辑是分开的，仔细想想它们有没有逻辑关系？是否依赖？如果有依赖的话，该怎么做来保证这种依赖关系？试着用 Rx 解决这个问题。
2. 给新增 Todo 的输入框添加一个可以提供输入智能提示的功能，比如输入 have，会自动提示 breakfast，a cup of coffee 等等。我们点击后会自动补全。

第 9 章

用 Redux 管理 Angular 应用

标题写错了吧，是 React 吧？没错，你没看错，就是 Angular。如果说 RxJS 是 Angular 开发中的倚天剑，那么 Redux 就是屠龙刀了。而且这两种神兵利器都是不依赖于平台的，左手倚天右手屠龙……算了，先不 YY 了，回到正题。

Redux 目前越来越火，已经成了 React 开发中的事实标准。火到什么程度，GitHub 上超过 26000 星。那么什么到底 Redux 做了什么？这件事又和 Angular 有几毛钱关系？别着急，我们下面就来讲一下。

9.1 什么是 Redux

Redux 是为了解决应用状态（State）管理而提出的一种解决方案。那么什么是状态呢？简单来说，应用开发中，UI 上显示的数据、控件状态、登录状态等等全部可以看作状态。还记得之前我们做登录的时候有多少地方在写一些临时变量存储或读取登录状态吗？这些散落在应用各个角落的状态在应用增大之后一旦出问题，就会很难调试。

我们在开发中经常会碰到，这个界面的按钮需要在某种情况下变灰；那个界面上需要根据不同情况显示不同数量的 Tab；这个界面某个值的设定会影响另一个界面的某种展现，等等。应该说应用开发中最复杂的部分就在于这些状态的管理。很多项目随着需求的迭代，代码规模逐渐扩大、团队人员水平参差不齐就会遇到各种状态管理极其混乱，导致代码的可维护性和扩展性降低。

那么 Redux 怎么解决这个问题呢？它提出了几个概念：Store、Reducer、Action。

9.1.1　Store

可以把 Store 想象成一个数据库，就像我们在移动应用开发中使用的 SQLite 一样，Store 是一个应用内的数据（状态）中心。Store 在 Redux 中有一个基本原则：它是一个"唯一的、状态不可修改"的树，状态的更新只能通过显性定义的 Action 发送后触发。

Store 中一般负责：保存应用状态、提供访问状态的方法、派发 Action 的方法以及对于状态订阅者的注册和取消等。

遵守这个约定的话，任何时间点的 Store 快照都可以提供一个完成当时的应用状态。这在调试应用时会变得非常方便，有没有想过在调试时可以返回前面的某一时间点？Redux 的 TimeMachine 调试器会带我们进行这种时光旅行，后面我们会一起体验！

9.1.2　Reducer

我在有一段时间一直觉得 Reducer 这个东西不好理解，主要原因有两个：其一是这个英语单词有多个含义，在词典上给出的最靠前的意思是渐缩管和减压阀。我之前一直望文生义地觉得这个 Reducer 应该有减速作用，感觉是不是和 Rx 的 zip 有点像（这个理解是错的，只是当时看到这个词的感觉）。其二是我看了 Redux 的作者的一段视频，里面他用数组的 reduce 方法来做类比，而我之前对 reduce 的理解是对数组元素进行累加计算成为一个值。其实作者也没有说错，因为数组的 reduce 操作就是把序列中的值经过不断累加器计算得到新的值，这和旧状态进入 Reducer 经处理返回新状态是一样的。只不过我对这个比方比较无感。

这两个因素导致我当时没理解正确 Reducer 的含义，现在我比较喜欢把 Reducer 的英文解释成是"异形接头"。Reducer 的作用是接收一个状态和对应的处理（Action），进行处理后返回一个新状态。很多网上的文章说可以把 Reducer 想象成数据库中的表，也就是说，Store 是数据库，而一个 Reducer 就是其中一张表。我其实觉得 Reducer 不太像表，还是觉得这个"异形接头"的概念比较适合我。

Reducer 是一个纯 JavaScript 函数，接收 2 个参数：第一个参数是处理之前的状态，第二个参数是一个可能携带数据的动作（Action）。就是类似下面给出的接口定义，这个是 TypeScript 的定义，由于 JavaScript 中没有强类型，所以用 TypeScript 来理解一下：

```
export interface Reducer<T> {
  (state: T, action: Action): T;
}
```

那么纯函数意味着什么呢？意味着我们理论上可以把 Reducer 移植到所有支持 Redux 的框架上，不用做改动。下面我们看一段简单的 Reducer 代码：

```
export function (state = 0, action): Reducer <number> {
  switch(action.type){
    case 'INCREMENT':
      return state + 1;
    case 'DECREMENT':
      return state - 1;
    default:
      return state;
  }
};
```

上面的代码定义了一个计数器的 Reducer，一开始的状态初始值为 0（(state = 0, action) 中的 state=0 给 state 赋了一个初始状态值），根据 Action 类型的不同返回不同的状态。这段代码就是非常简单的 JavaScript，不依赖任何框架，可以在 React 中使用，也可以在 Angular 2 中使用，接下来我们要学习如何在 Angular 中使用。

9.1.3 Action

Store 中存储了我们的应用状态，Reducer 接收之前的状态并输出新状态，但是我们如何让 Reducer 和 Store 之间通信呢？这就是 Action 的职责所在。在 Redux 规范中，所有会引发状态更新的交互行为都 必须 通过一个显性定义的 Action 来进行。

图 9.1 描述了如果使用上面代码的 Reducer，显性定义一个 Action { type: 'INCREMENT', payload: 2 } 并且派送（dispatch）这个 Action 后的流程。

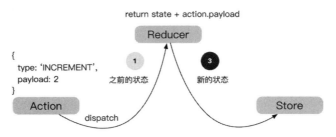

图 9.1　显性定义的 Action 触发 Reducer 产生新的状态

比如之前的计数器状态是 1，我们派送这个 Action 后，Reducer 接收到之前的状态 1 作为第一个参数，这个 Action 作为第二个参数。在 Switch 分支中走的是 INCRMENT 这个流程，也就是 state+action.payload，输出的新状态为 3，这个状态保存到 Store 中。

值得注意的一点是 payload 并不是一个必选项，看一下 Action 的 TypeScript 定义，注意 payload 后面那个？没有，那个就是说这个值可以没有：

```
export interface Action {
  type: string;
  payload?: any;
}
```

9.2 为什么要在 Angular 中使用

首先，正如 C# 当初在主流强类型语言中率先引入 Lamda 之后，现在 Java8 也引入了这个特性一样，所有好的模式、好的特性最终会在各个平台框架上有所体现。Redux 本身在 React 社区中的大量使用本身已经证明这种状态管理机制是非常健壮的。

其次我们可以来看一下在 Angular 中现有的状态管理机制是什么样子的。目前的管理机制就是……嗯……没有统一的状态管理机制（见图 9.2）。

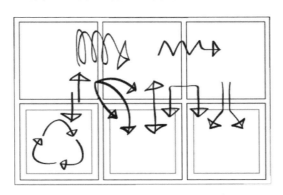

图 9.2　遍地开花的 Angular 状态管理

这种没有统一管理机制的情况在一个大团队是很恐怖的事情，状态管理的代码质量完全看个人水平，这样会导致功能越来越多的应用中的状态几乎是无法测试的。

还是用代码来说话吧，下面我们看看一个不用 Redux 管理的 Angular 应用是怎样的。我们就拿最常见的 Todo 应用来解析（题外话：这个应用已经变成 Web 框架的标准对标项目了,就像上个 10 年的 PetStore 是第一代 Web 框架的对标项目一样。)

第一种状态管理方法:我们在组件中管理。在组件中可以声明一个数组,这个数组作为 Todo 的内存存储。每次操作,比如新增(addTodo)或切换状态(toggleTodo),首先调用服务中的方法,然后手动操作数组来更新状态:

```
export class TodoComponent implements OnInit {
  desc: string = '';
  todos : Todo[] = [];// 在组件中建立一个内存 TodoList 数组

  constructor(
    @Inject('todoService') private service,
    private route: ActivatedRoute,
    private router: Router) {}

  ngOnInit() {
    this.route.params.forEach((params: Params) => {
      let filter = params['filter'];
      this.filterTodos(filter);
    });
  }

  addTodo(){
    this.service
      .addTodo(this.desc) // 通过服务新增数据到服务器数据库
      .then(todo => {// 更新 todos 的状态
        this.todos.push(todo);// 使用了可改变的数组操作方式
      });
  }

  toggleTodo(todo: Todo){
    const i = this.todos.indexOf(todo);
    this.service
      .toggleTodo(todo)// 通过服务更新数据到服务器数据库
      .then(t => {// 更新 todos 的状态
        const i = todos.indexOf(todo);
        todos[i].completed = todo.completed; // 使用了可改变的数组操作方式
      });
  }
  ...
```

第二种状态管理方式:我们在服务中做类似的事情。在服务中定义一个内存存储(dataStore),然后同样是在更新服务器数据后手动更新内存存储。这里我们使用了 RxJS,

但大体逻辑是差不多的。当然使用 Rx 的好处比较明显，组件只需访问 todos 属性方法即可，组件内的逻辑会比较简单：

```
...
export class TodoService {

  private api_url = 'http://localhost:3000/todos';
  private headers = new Headers({'Content-Type': 'application/json'});
  private userId: string;
  private _todos: BehaviorSubject<Todo[]>;

  private dataStore: {  // 我们自己实现的内存数据存储
    todos: Todo[]
  };

  constructor(private http: Http, @Inject('auth') private authService) {
    this.authService.getAuth()
      .filter(auth => auth.user != null)
      .subscribe(auth => this.userId = auth.user.id);
    this.dataStore = { todos: [] };
    this._todos = new BehaviorSubject<Todo[]>([]);
  }

  get todos(){
    return this._todos.asObservable();
  }

  // POST /todos
  addTodo(desc:string){
    let todoToAdd = {
      id: UUID.UUID(),
      desc: desc,
      completed: false,
      userId: this.userId
    };
    this.http
      .post(this.api_url, JSON.stringify(todoToAdd), {headers: this.headers})
      .map(res => res.json() as Todo) // 通过服务新增数据到服务器数据库
      .subscribe(todo => {
        // 更新内存存储 todos 的状态
        // 使用了不可改变的数组操作方式
        this.dataStore.todos = [...this.dataStore.todos, todo];
        // 推送给订阅者新的内存存储数据
        this._todos.next(Object.assign({}, this.dataStore).todos);
```

```
      });
  }

  toggleTodo(todo: Todo) {
    const url = '${this.api_url}/${todo.id}';
    const i = this.dataStore.todos.indexOf(todo);
    let updatedTodo = Object.assign({}, todo, {completed: !todo.completed});
    this.http
      .patch(url, JSON.stringify({completed: !todo.completed}), {headers:
         this.headers})// 通过服务更新数据到服务器数据库
      .subscribe(_ => {
        // 更新内存存储 todos 的状态
        this.dataStore.todos = [
          ...this.dataStore.todos.slice(0,i),
          updatedTodo,
          ...this.dataStore.todos.slice(i+1)
        ];// 使用了不可改变的数组操作方式
        // 推送给订阅者新的内存存储数据
        this._todos.next(Object.assign({}, this.dataStore).todos);
      });
  }
  ...
}
```

当然还有很多方式，比如服务中维护一部分，组件中维护一部分；再比如使用 localStorage 做存储，每次读来写去，等等。

不是说这些方式不好（如果可以保持项目组内的规范统一，项目较小的情况下也还可以），而是说代码编写的方式太多了，而且状态分散在各个组件和服务中，没有统一管理。一个小项目可能还没有问题，但大项目就会发现内存状态很难统一维护。

更不用说在 Angular 2 中我们写了很多组件里的 EventEmitter，只是为了把某个事件弹射到父组件中而已。而这些在 Redux 的模式下，都可以很方便地解决，我们同样可以很自由地在服务或组件中引用 store。但不管怎样编写，我们遵守的是同样的规则，维护的是应用唯一的状态树。

Angular 1.x 永久的改变了 JQuery 类型的 Web 开发，使得我们可以像写手机客户端 App 一样来写前端代码。Redux 也一样改变了状态管理的写法，Redux 其实不仅仅是一个类库，更是一种设计模式。而且在 Angular 2 中由于有 RxJS，你会发现我们甚至比在 React 中使用时更方便，更强大。

9.3 如何使用 Redux

ngrx 是一套利用 RxJS 的类库，其中的 @ngrx/store (https://github.com/ngrx/store) 就是基于 Redux 规范制定的 Angular 2 框架如图 9.3 所示。接下来我们一起看看如何使用这套框架改造 Todo 应用。

图 9.3　用 Redux 管理状态的 Todo

9.3.1　简单内存版

当然第一步是在项目根目录下安装 npm install @ngrx/core @ngrx/store --save。然后需要在你想要使用的 Module 里面引入 store，我推荐在根模块 AppModule 引入这个包，因为 Store 是整个应用的状态树。由于我们之前把全局的只引入一次的包都放到了 CoreModule 中（然后在 AppModule 中引入 CoreModule），所以现在我们就把 CoreModule 改成下面的样子：

```
import { ModuleWithProviders, NgModule, Optional, SkipSelf } from '@angular/
  core';
import { AuthService } from './auth.service';
import { UserService } from './user.service';
import { AuthGuardService } from './auth-guard.service';

import { HttpModule, JsonpModule } from '@angular/http';
import { StoreModule } from '@ngrx/store';
import { todoReducer, todoFilterReducer } from '../reducers/todo.reducer';
import { StoreDevtoolsModule } from '@ngrx/store-devtools';
@NgModule({
  imports:[
    HttpModule,
    StoreModule.provideStore({
```

```
      todos: todoReducer,
      todoFilter: todoFilterReducer
    }),
    StoreDevtoolsModule.instrumentOnlyWithExtension()
  ],
  providers: [
    { provide: 'auth', useClass: AuthService },
    { provide: 'user', useClass: UserService },
    AuthGuardService
  ]
})
export class CoreModule {
  constructor (@Optional() @SkipSelf() parentModule: CoreModule) {
    if (parentModule) {
      throw new Error(
        'CoreModule is already loaded. Import it in the AppModule only');
    }
  }
}
```

我们看到 StoreModule 提供了一个 provideStore 方法，在这个方法中我们声明了一个 { todos: todoReducer, todoFilter: todoFilterReducer } 对象，这个就是 Store。前面讲过 Store 可以想象成数据库，Reducer 可以想象成表，那么这样一个对象形式告诉我们数据库是由哪些表构成的（这个地方把 Reducer 想象成表还是有道理的）。

那么可以看到我们定义了两个 Reducer：todoReducer 和 todoFilterReducer。在看代码之前，我们来思考一下这个流程，所谓 Reducer 其实就是接收两个参数：之前的状态和要采取的动作，然后返回新的状态。可能动作更好想一些，先看看有什么动作吧：

❑ 新增一个 Todo。

❑ 删除一个 Todo。

❑ 更改 Todo 的完成状态。

❑ 全部反转 Todo 的完成状态。

❑ 清除已完成的 Todo。

❑ 筛选全部 Todo。

❑ 筛选未完成的 Todo。

❑ 筛选已完成的 Todo。

但是仔细分析一下发现后三个动作其实和前面的不太一样，因为后面的三个都属于筛选，并未改动数据本身。也不用提交后台服务，只需要对内存数据做简单筛选即可。

前面几个都不光需要改变内存数据也需要改变服务器数据。

这里我们先尝试着写一下前面五个动作对应的 Reducer，按前面定义的就叫 todoReducer 吧，一开始也不知道怎么写好，那就先写个骨架吧：

```
export const todoReducer = (state = [], { type, payload }) => {
  switch (type) {
    default:
      return state;
  }
}
```

即使是个骨架，也有很多有意思的点。

第一个参数是 state，就像我们在组件或服务中自己维护了一个内存数组一样，我们的 Todo 状态其实也是一个数组，我们还赋了一个空数组的初始值（避免出现 undefined 错误）。

第二个参数是一个有 type 和 payload 两个属性的对象，其实就是 Action。也就是说我们其实可以不用定义 Action，直接给出构造的对象形式即可。内部其实 Reducer 就是一个大的 switch 语句，根据不同的 Action 类型决定返回什么样的状态。默认状态下我们直接将之前状态返回即可。Reducer 就是这么单纯的一个函数。

现在我们来考虑其中一个动作，增加一个 Todo，我们需要发送一个 Action，这个 Action 的 type 是 'ADD_TODO'，payload 就是新增加的这个 Todo。

逻辑其实就是列表数组增加一个元素，用数组的 push 方法直接做是不是就行了呢？不行，因为 Redux 的约定是必须返回一个新状态，而不是更新原来的状态。而 push 方法其实是更新原来的数组，而我们需要返回一个新的数组。感谢 ES7 的 Object Spread 操作符，它可以让我们非常方便的返回一个新的数组：

```
export function todoReducer (state = [], {type, payload}) {
  switch (type) {
    case 'ADD_TODO':
      return [
        ...state,
        action.payload
        ];
    default:
      return state;
  }
}
```

现在我们已经有了一个可以处理 ADD_TODO 类型的 Reducer。可能有人要问这只是改变了内存的数据，我们怎么处理服务器的数据更改呢？要不要在 Reducer 中处理？答案是服务器数据处理的逻辑是服务（Service）的职责，Reducer 不负责那部分。后面我们会处理服务器的数据更新的。

接下来工作就很简单了，我们在 TodoComponent 中去引入 Store 并且在适当的时候 dispatch ADD_TODO 这个 Action 就 OK 了：

```
...
export class TodoComponent {
  ...
  todos : Observable<Todo[]>;
  constructor(private store$: Store<Todo[]>) {
  ...
    this.todos = this.store$.select('todos');
  }

  addTodo(desc: string) {
    let todoToAdd = {
      id: '1',
      desc: desc,
      completed: false
    }
    this.store$.dispatch({type: 'ADD_TODO', todoToAdd});
  }
  ...
}
```

利用 Angular 提供的依赖性注入（DI），我们可以非常方便地在构造函数中注入 Store。由于 Angular 2 对于 RxJS 的内建支持以及 @ngrx/store 本身也是基于 RxJS 来构造的，我们完全不用 Redux 的注册订阅者等行为，访问 todos 这个状态，只需要写成 this.store$.select('todos') 就可以了。这个 store 后面有个 $ 符号是表示这是一个流（Stream，只是写法上的惯例），也就是 Observable。然后在 addTodo 方法中把 action 发送出去就完事了，当然这个方法是在按 Enter 键时触发的：

```
<div>
  <app-todo-header
    placeholder="What do you want"
    (onEnterUp)="addTodo($event)" >
  </app-todo-header>
  <app-todo-list
```

```
    [todos]="todos | async"
    (onToggleAll)="toggleAll()"
    (onRemoveTodo)="removeTodo($event)"
    (onToggleTodo)="toggleTodo($event)"
    >
  </app-todo-list>
  <app-todo-footer
    [itemCount]="(todos | async).lenght"
    (onClear)="clearCompleted()">
  </app-todo-footer>
</div>
```

似乎有点太简单了吧，但真的是这样，比在 React 中使用还要简便。Angular 2 中对于 Observable 类型的变量提供了一个 Async Pipe，就是 todos | async，我们连在 OnDestroy 中取消订阅都不用做了。

下面我们把 Reducer 的其他部分补全吧。除了处理 todoReducer 中其他的 swtich 分支，我们为其添加了强类型，既然是在 Angular 2 中使用 TypeScript 开发，我们还是希望享受强类型带来的各种便利。另外总是对于 Action 的 Type 定义了一系列常量：

```
export function todoReducer (state: Todo[] =[], action: Action) {
  switch (action.type) {
    case ADD_TODO:
      return [
        ...state,
        action.payload
        ];
    case REMOVE_TODO:
      return state.filter(todo => todo.id !== action.payload.id);
    case TOGGLE_TODO:
      return state.map(todo => {
        if(todo.id !== action.payload.id){
          return todo;
        }
        return Object.assign({}, todo, {completed: !todo.completed});
      });
    case TOGGLE_ALL:
      return state.map(todo => {
        return Object.assign({}, todo, {completed: !todo.completed});
      });
    case CLEAR_COMPLETED:
      return state.filter(todo => !todo.completed);
    case FETCH_FROM_API:
```

```
      return [
        ...action.payload
      ];
    default:
      return state;
  }
}
export function todoFilterReducer (state = (todo: Todo) => todo, action:
  Action) {
  switch (action.type) {
    case VisibilityFilters.SHOW_ALL:
      return todo => todo;
    case VisibilityFilters.SHOW_ACTIVE:
      return todo => !todo.completed;
    case VisibilityFilters.SHOW_COMPLETED:
      return todo => todo.completed;
    default:
      return state;
  }
}
```

上面的 todoReducer 看起来倒还是很正常，这个 todoFilterReducer 却形迹十分可疑，它的 state 看上去是个函数。是的，的确是函数。

为什么我们要这么设计呢？原因是这几个过滤器其实只是对内存数组进行筛选操作，那么就可以通过 arr.filter(callback[, thisArg]) 来进行筛选。数组的 filter 方法的含义是对于数组中每一个元素通过 callback 的测试，然后返回值组成一个新数组。所以这个 Reducer 中我们的状态其实是不同条件的测试函数，就是那个 callback。

好，我们一起把这个没有后台 API 的版本先完成了吧，要完成的其他部分都很简单，比如 toggle、remove 等，因为只是调用 store 的 dispatch 方法，把 Action 发送出去即可：

```
...
export class TodoComponent {

  todos : Observable<Todo[]>;

  constructor(
    private service: TodoService,
    private route: ActivatedRoute,
    private store$: Store<Todo[]>) {
      const fetchData$ = this.store$.select('todos')
        .startWith([]);
```

```
    const filterData$ = this.store$.select('todoFilter');
    this.todos = Observable.combineLatest(
      fetchData$,
      filterData$,
      (todos: Todo[], filter: any) => todos.filter(filter)
    )
  }
  ngInit(){
    this.route.params.pluck('filter')
      .subscribe(value => {
        const filter = value as string;
        this.store$.dispatch({type: filter});
      })
  }
  addTodo(desc: string) {
    let todoToAdd = {
      id: UUID.UUID(),
      desc: desc,
      completed: false
    };
    this.store$.dispatch({
      type: ADD_TODO,
      payload: todoToAdd
    });
  }
  toggleTodo(todo: Todo) {
    let updatedTodo = Object.assign({}, todo, {completed: !todo.completed});
    this.store$.dispatch({
      type: TOGGLE_TODO,
      payload: updatedTodo
    });
  }
  removeTodo(todo: Todo) {
    this.store$.dispatch({
      type: REMOVE_TODO,
      payload: todo
    });
  }
  toggleAll(){
    this.store$.dispatch({
      type: TOGGLE_ALL
    });
  }
  clearCompleted(){
```

```
    this.store$.dispatch({
      type: CLEAR_COMPLETED
    });
  }
}
```

我们一起看看过滤器部分是怎么处理我们实现的，我们知道目前有两个和 Todo 有关的 Reducer：todoReducer 和 todoFilterReducer。这两个应该是配合来影响状态的，我们不可以在没有任何一方的情况下独立返回正常的状态。怎么理解呢？打个比方吧，我们添加了几个 Todo 之后，这些 Todo 肯定满足某个过滤器的条件测试，而不可能存在一个 Todo 在任何一个过滤器中都不满足其条件。

那么如何配合处理这两个状态流呢（在 @ngrx/store 中，它们都是流）？重新描述一下对这两个流的要求，为方便起见，我们叫 todos 流和 filter 流。我们想要这样的一个合并流，这个合并流的数据来自于 todos 流和 filter 流。而且合并流的每个数据都来自于一对最新的 todos 流数据和 filter 流数据，当然存在一种情况：一个流产生了新数据，但另一个没有。这种情况下，我们会使用新产生的这个数据和另一个流中之前最新的那个配对产生合并流的数据。

这在 Rx 世界太简单了，combineLatest 操作符干的就是这样一件事。于是我们看到下面这段代码：我们合并了 todos 流和 filter 流，而且在以它们各自的最新数据为参数的一个函数产生了新的合并流的数据 todos.filter(filter)。稍微解释一下，todos 流中的数据就是 todo 数组，我们在 todoReducer 中就是这样定义的，而 filter 流中的数据是一个函数，那么我们其实就是使用从 todos 流中的最新数组，调用 todos.filter 方法然后把 filter 流中的最新的函数当成 todos.filter 的参数：

```
const fetchData$ = this.store$.select('todos').startWith([]);
const filterData$ = this.store$.select('todoFilter');
this.todos = Observable.combineLatest(
  fetchData$,
  filterData$,
  (todos: Todo[], filter: any) => todos.filter(filter)
)
```

还有一处需要解释并且优化的代码位于 ngInit 中的那段，我们把它分拆出来列在下面。我们在 Todo 里面实现过滤器时使用的是 Angular 2 的路由参数，也就是 todo/:filter 这种形式（我们定义在 todo-routing.module.ts 中了），比如，如果过滤器是 ALL，那么这个表现形式就是 todo/ALL。下面代码中的 this.route.params.pluck('filter') 就是取得这个

filter 路由参数的值。然后发送要进行过滤的操作：

```
ngInit(){
  this.route.params.pluck('filter')
    .subscribe(value => {
      const filter = value as string;
      this.store$.dispatch({type: filter});
    })
}
```

虽说现在的形式已经可以正常工作了，但总觉得这个路由参数的获取单独放在这里有点别扭，因为逻辑上这个路由参数流和 filter 流是有先后顺序的，而且后者依赖前者，但这种逻辑关系没有体现出来。

嗯，来优化一下，Rx 的一个优点就是可以把一系列操作串起来。从时间序列上看这个路由参数的获取是先发生的，然后获取到这个参数 filter 流才会有作用，那么我们优化的点就在于怎么样把这个路由参数流和 filter 流串起来：

```
const filterData$ = this.route.params.pluck('filter')
  .do(value => {
    const filter = value as string;
    this.store$.dispatch({type: filter});
  })
  .flatMap(_ => this.store$.select('todoFilter'));
```

上面的代码把原来独立的两个流串了起来，逻辑关系有两层：

首先时间顺序要保证，也就是说路由参数的先有数据后 this.store$.select('todoFilter') 才可以工作。do 相当于在语句中间临时 subscribe 一下，我们在此时发送了 Action。

再有，我们并不关心路由参数流的数据，我们只是关心它什么时候有数据，所以我们在 flatMap 语句中把参数写成了 _。

到这里，我们的内存版 Redux 化的 Angular 2 Todo 应用就搞定了。

9.3.2　时光机器调试器

在介绍 HTTP 后台版本之前，我们要隆重推出大名鼎鼎的 Redux 时光机器调试器（TimeMachine Debugger）。首先需要下载 Redux DevTools for Chrome，在 Chrome 商店中搜索 Redux DevTools 即可，如图 9.4 所示。

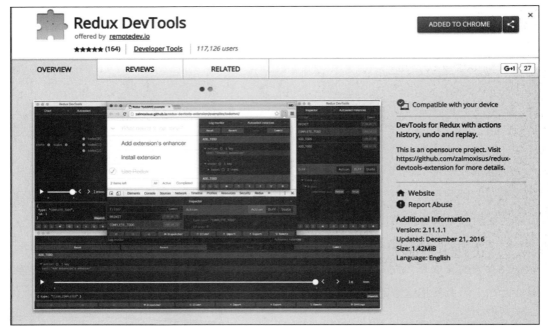

图 9.4 Redux DevTools for Chrome

安装好插件之后，我们需要在为 @ngrx/store 安装一个 dev-tools 的 npm 包，npm install @ngrx/store-devtools --save，然后在 AppModule 或 CoreModule 的 Module 元数据中加上 StoreDevtoolsModule.instrumentOnlyWithExtension()：

```
...
import { StoreDevtoolsModule } from '@ngrx/store-devtools';
@NgModule({
  imports:[
    ...
    StoreModule.provideStore({
      todos: todoReducer,
      todoFilter: todoFilterReducer
    }),
    StoreDevtoolsModule.instrumentOnlyWithExtension()
  ],
  ...
})
```

这样就配置好了，让我们先看看它长什么样吧，打开浏览器进入 todo 应用。对了，别忘打开 chrome 的开发者工具，你应该可以看到 Redux 那个 Tab，切换过去就好，如图

9.5 所示。

图 9.5　右侧的就是 Redux DevTools

为什么叫它时光旅行调试器呢？因为传统的 Debugger 只能单向地往前走，不能回退。还记得我们有多少时间浪费在不断重新调试，一步步跟踪，不断添加 watch 的变量吗？这一切在 Redux 中都不存在，我们可以时光穿梭到任何一个已发生的步骤。而且我们可以选择看看如果没有某个步骤会是什么样子。

我们来试验一下，对于显示的某个 todo 做切换完成状态，然后我们会发现右侧的 Inspector 随即出现了 TOGGLE_TODO 的 Action。你如果点一下这个 Action，会发现出现了一个 Skip 按钮，点一下这个按钮吧，刚才那个 Item 的状态又恢复成之前的样子了。其实点任何一个步骤都没问题，如图 9.6 所示。

图 9.6　点击某个 Action 可以体验时光旅行

而且随时可以试验手动编辑一个 Action（见图 9.7）并发射出去会是什么样子。还有很多其他功能，大家自己试验摸索吧。

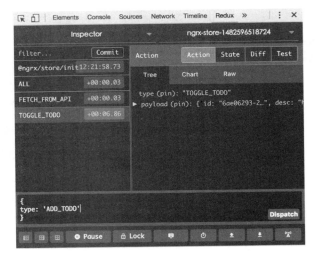

图 9.7　在调试器中可以随时建立一个 Action 并发射出去

9.3.3　带 HTTP 后台服务的版本

现在我们再来梳理一下如果使用后台版本的逻辑，现在的数据源其实是来自于服务器 API 的，每次更改 Todo 后也都要提交到服务器。这个联动关系比较强，也就是说必须要服务器返回成功数据后才能进行内存状态的改变。

这种情况下我们似乎应该把某些 dispatch 的动作放到 service 中。拿 addTodo 举个例子，我们 post 到服务器一个新增 Todo 的请求后在发送了 dispatch ADD_TODO 的消息，这时内存状态就会根据这个进行状态的迁移：

```
import { Injectable, Inject } from '@angular/core';
import { Http, Headers } from '@angular/http';
import { UUID } from 'angular2-uuid';

import { Observable } from 'rxjs/Observable';
import { Store } from '@ngrx/store';
import { Todo } from '../domain/entities';

import {
  ADD_TODO,
  TOGGLE_TODO,
  REMOVE_TODO,
  TOGGLE_ALL,
  CLEAR_COMPLETED
```

```
} from '../actions/todo.action'

@Injectable()
export class TodoService {

  private api_url = 'http://localhost:3000/todos';
  private headers = new Headers({'Content-Type': 'application/json'});
  private userId: string;

  constructor(
    private http: Http,
    @Inject('auth') private authService,
    private store$: Store<Todo[]>
    ) {
    this.authService.getAuth()
      .filter(auth => auth.user != null)
      .subscribe(auth => this.userId = auth.user.id);
  }

  // POST /todos
  addTodo(desc:string): void{
    let todoToAdd = {
      id: UUID.UUID(),
      desc: desc,
      completed: false,
      userId: this.userId
    };
    this.http
      .post(this.api_url, JSON.stringify(todoToAdd), {headers: this.headers})
      .map(res => res.json() as Todo)
      .subscribe(todo => {
        this.store$.dispatch({type: ADD_TODO, payload: todo});
      });
  }
  // PATCH /todos/:id
  toggleTodo(todo: Todo): void {
    const url = '${this.api_url}/${todo.id}';
    let updatedTodo = Object.assign({}, todo, {completed: !todo.completed});
    this.http
      .patch(url, JSON.stringify({completed: !todo.completed}), {headers: this.
        headers})
      .mapTo(updatedTodo)
      .subscribe(todo => {
        this.store$.dispatch({
```

```
          type: TOGGLE_TODO,
          payload: updatedTodo
        });
      });
  }
  // DELETE /todos/:id
  removeTodo(todo: Todo): void {
    const url = '${this.api_url}/${todo.id}';
    this.http
      .delete(url, {headers: this.headers})
      .mapTo(Object.assign({}, todo))
      .subscribe(todo => {
        this.store$.dispatch({
          type: REMOVE_TODO,
          payload: todo
        });
      });
  }
  // GET /todos
  getTodos(): Observable<Todo[]> {
    return this.http.get('${this.api_url}?userId=${this.userId}')
      .map(res => res.json() as Todo[]);
  }

  toggleAll(): void{
    this.getTodos()
      .flatMap(todos => Observable.from(todos))
      .flatMap(todo=> {
        const url = '${this.api_url}/${todo.id}';
        let updatedTodo = Object.assign({}, todo, {completed: !todo.completed});
        return this.http
          .patch(url, JSON.stringify({completed: !todo.completed}), {headers: this.
            headers})
      })
      .subscribe(()=>{
        this.store$.dispatch({
          type: TOGGLE_ALL
        });
      })
  }

  clearCompleted(): void {
    this.getTodos()
      .flatMap(todos => Observable.from(todos.filter(t => t.completed)))
```

```
      .flatMap(todo=> {
        const url = '${this.api_url}/${todo.id}';
        return this.http
          .delete(url, {headers: this.headers})
      })
      .subscribe(()=>{
        this.store$.dispatch({
          type: CLEAR_COMPLETED
        });
      });
  }
}
```

增删改这些操作应该都没有问题了,但此时存在一个新问题:内存状态如何通过服务器得到初始值呢?原来的内存版本中,我们初始化就是一个空数组,但现在不一样了,你可能会有上次已经创建好的 Todo 需要在一开始显示出来。

如何改变那个初始值呢?如果换个角度想,现在引入了服务器之后,我们从服务器取数据完全可以定义一个新的 Action,比如叫 FETCH_FROM_API 吧。我们现在只需要从服务器取得新数据后发送这个 Action,应用状态就会根据取得的最新服务器数据刷新了。

```
import { Component, Inject } from '@angular/core';
import { ActivatedRoute } from '@angular/router';
import { TodoService } from './todo.service';
import { Todo } from '../domain/entities';
import { UUID } from 'angular2-uuid';
import { Store } from '@ngrx/store';
import {
  FETCH_FROM_API
} from '../actions/todo.action'

import { Observable } from 'rxjs/Observable';

@Component({
  templateUrl: './todo.component.html',
  styleUrls: ['./todo.component.css']
})
export class TodoComponent {

  todos : Observable<Todo[]>;

  constructor(
```

```
    private service: TodoService,
    private route: ActivatedRoute,
    private store$: Store<Todo[]>) {
    const fetchData$ = this.service.getTodos()
      .do(todos => {
        this.store$.dispatch({
          type: FETCH_FROM_API,
          payload: todos
        })
      })
      .flatMap(this.store$.select('todos'))
      .startWith([]);
    const filterData$ = this.route.params.pluck('filter')
      .do(value => {
        const filter = value as string;
        this.store$.dispatch({type: filter});
      })
      .flatMap(_ => this.store$.select('todoFilter'));
    this.todos = Observable.combineLatest(
      fetchData$,
      filterData$,
      (todos: Todo[], filter: any) => todos.filter(filter)
    )
  }

addTodo(desc: string) {
  this.service.addTodo(desc);
}
toggleTodo(todo: Todo) {
  this.service.toggleTodo(todo);
}
removeTodo(todo: Todo) {
  this.service.removeTodo(todo);
}
toggleAll(){
  this.service.toggleAll();
}
clearCompleted(){
  this.service.clearCompleted();
}
}
```

现在服务器版本算是可以工作了，打开浏览器试一试吧（如图 9.8 所示）。现在我们的代码非常清晰：组件中不处理事务逻辑，只负责调用服务的方法。服务中只负责提交数据到服务器和发送动作。所有的应用状态都是通过 Redux 处理的。

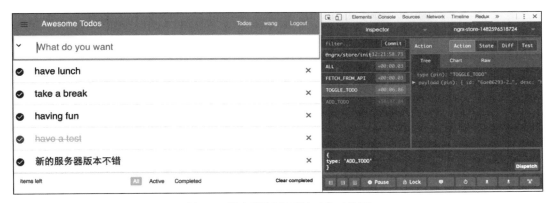

图 9.8　服务器版本可以正常工作了

9.3.4　一点小思考

虽然服务器版本可以工作了，但为什么获取数据和 filter 这段不可以放在服务中呢？为什么要遗留这部分代码在组件中？我们一起来试验一下，实践是检验真理的唯一标准。

把组件构造函数中的代码移到 Service 的构造函数中，当然同样在 Service 中注入 ActiveRoutes：

```
const fetchData$ = this.getTodos()
  .do(todos => {
    this.store$.dispatch({
      type: FETCH_FROM_API,
      payload: todos
    })
  })
  .flatMap(this.store$.select('todos'))
  .startWith([]);
const filterData$ = this.route.params.pluck('filter')
  .do(value => {
    const filter = value as string;
    this.store$.dispatch({type: filter});
  })
  .flatMap(_ => this.store$.select('todoFilter'));
this.todos = Observable.combineLatest(
  fetchData$,
  filterData$,
  (todos: Todo[], filter: any) => todos.filter(filter)
)
```

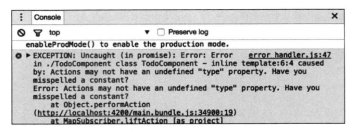

图 9.9 事实是残酷的，报错了

悲催的是，和我们想象的完全不一样，报错了（见图 9.9）。这是由于 Service 默认情况下是单件形式（Singleton），而 ActivatedRoutes 并不是，所以注入到 service 的 routes 并不是后来激活的那个。当然也有解决办法，但那个就不是本章的目标了。

我们提出这个问题是希望告诉大家 @ngrx/store 的灵活性，它既可以在 Service 中使用，也可以在组件中使用，也可以混合使用，但都不会影响应用状态的独立性，如图 9.10 所示。在现实的编程环境中，我们经常会遇到自己不可改变的事实，比如已有的代码实现方式、或者第三方类库等无法更改的情况，这时候 @ngrx/store 的灵活性就可以帮助我们在项目中无需做大更改的情况下进行更清晰的状态管理了。

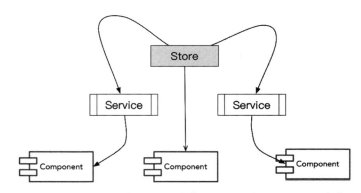

图 9.10　Store 既可以在 Service 中使用也可以在 Component 中使用

9.3.5　用户登录和注册的改造

做完 Todo 后，我们应该对 Redux 有比较深的印象了，那么我们接下来改造原来的登录注册流程，使得整个应用的状态都可以使用 Redux 管理起来。这次由于状态已经不仅限于 Todo 了，所以我们要定义一个应用状态的类型：

```
import { Todo, Auth } from './entities';
```

```
export { Todo, Auth }

export interface AppState{
  todos: Todo[];
  todoFilter: any;
  auth: Auth;
}
```

我们现在的状态中有了前面两个 todos 和 todoFilter，又增加了一个 auth，这就是目前我们需要的全部应用状态"数据库"了。由于增加了一个 auth，我们需要在 CoreModule 中也更新一下：

```
import { ModuleWithProviders, NgModule, Optional, SkipSelf } from '@angular/core';
import { AuthService } from './auth.service';
import { UserService } from './user.service';
import { AuthGuardService } from './auth-guard.service';

import { HttpModule } from '@angular/http';
import { StoreModule } from '@ngrx/store';
import { todoReducer, todoFilterReducer } from '../reducers/todo.reducer';
import { authReducer } from '../reducers/auth.reducer';
import { StoreDevtoolsModule } from '@ngrx/store-devtools';

@NgModule({
  imports:[
    HttpModule,
    StoreModule.provideStore({
      todos: todoReducer,
      todoFilter: todoFilterReducer,
      auth: authReducer
    }),
    StoreDevtoolsModule.instrumentOnlyWithExtension()
  ],
  providers: [
    AuthService,
    UserService,
    AuthGuardService
    ]
})
export class CoreModule {
  constructor (@Optional() @SkipSelf() parentModule: CoreModule) {
    if (parentModule) {
      throw new Error(
```

```
        'CoreModule is already loaded. Import it in the AppModule only');
    }
  }
}
```

接下来，我们要定义 Reducer 和 Action。首先梳理一下 Action，可能导致鉴权对象 auth 变化的动作应该有以下几个：

- 登录：登录这个动作会在 payload 中携带用户的数据，比如用户 ID，用户名等。
- 由于用户未找到导致的登录失败：这种情况下无需携带 payload 数据。
- 由于用户密码不匹配导致的登录失败：这种情况下同样无需携带 payload 数据。
- 注销登录：这种情况下，我们会直接返回一个新的状态，action 也不需要携带数据。
- 注册：注册成功后 Action 携带用户 Id 和用户名等数据。
- 由于已存在用户名而导致的注册失败：这种情况下无需携带 payload 数据。

知道这几种动作后，Action 就非常容易定义了：

```
export const LOGIN = 'LOGIN';
export const LOGIN_FAILED_NOT_EXISTED = 'LOGIN_FAILED_NOT_EXISTED';
export const LOGIN_FAILED_NOT_MATCH = 'LOGIN_FAILED_NOT_MATCH';
export const LOGOUT = 'LOGOUT';
export const REGISTER = 'REGISTER';
export const REGISTER_FAILED_EXISTED = 'REGISTER_FAILED_EXISTED';
```

相对于 Todo 接下来写的 Reducer 也比较容易，因为我们始终操作的是一个 auth 对象，没有数组等操作：

```
import { Reducer, Action } from '@ngrx/store';
import { Auth } from '../domain/entities';
import {
  LOGIN_FAILED_NOT_EXISTED,
  LOGIN_FAILED_NOT_MATCH,
  LOGOUT,
  LOGIN,
  REGISTER,
  REGISTER_FAILED_EXISTED
} from '../actions/auth.action';

export const authReducer = (state: Auth = {
    user: null,
    hasError:true,
    errMsg: null,
    redirectUrl: null
```

```
    }, action: Action) => {
    switch (action.type) {
      case LOGIN:
        return Object.assign({}, action.payload, {hasError: false});
      case LOGIN_FAILED_NOT_EXISTED:
        return Object.assign({}, state, {
          user: null,
          hasError: true,
          errMsg: 'Username not existed'
        });
      case LOGIN_FAILED_NOT_MATCH:
        return Object.assign({}, state, {
          user: null,
          hasError: true,
          errMsg: 'Password not match'
        });
      case LOGOUT:
        return Object.assign({}, state, {
          user: null,
          hasError: true,
          errMsg: 'no credentials',
          redirectUrl: '/login'
        });
      case REGISTER:
        return Object.assign({}, action.payload, {hasError: false});
      case REGISTER_FAILED_EXISTED:
        return Object.assign({}, state, {
          user: null,
          hasError: true,
          errMsg: 'username existed'
        });
      default:
        return state;
    }
  }
```

下面我们需要改造所有需要鉴权状态的地方，这部分之前写的比较分散，很多地方牵扯到了鉴权。先改最重要的 AuthService，这个 Service 之前同样也采用了 BehaviorSubject，但现在用了 Redux 后，这些都不需要了。我们只需要在注册和登录这两个方法中去发送对应事件即可：

```
import { Injectable, Inject } from '@angular/core';
import { Http, Headers, Response } from '@angular/http';

import { Store } from '@ngrx/store';
```

```typescript
import { Observable } from 'rxjs/Observable';

import { AppState, Auth } from '../domain/state';
import { UserService } from './user.service';
import { Router } from '@angular/router';
import {
  LOGIN,
  LOGIN_FAILED_NOT_EXISTED,
  LOGIN_FAILED_NOT_MATCH,
  LOGOUT,
  REGISTER,
  REGISTER_FAILED_EXISTED
} from '../actions/auth.action'

@Injectable()
export class AuthService {

  constructor(
    private http: Http,
    private userService: UserService,
    private store$: Store<AppState>,
    private router: Router) {
  }
  getAuth(): Observable<Auth> {
    return this.store$.select(appState => appState.auth);
  }
  unAuth(): void {
    this.store$.dispatch({type: LOGOUT});
  }
  register(username: string, password: string): void {
    let toAddUser = {
      username: username,
      password: password
    };
    this.userService
      .findUser(username)
      .subscribe(user => {
        if(user != null)
          this.store$.dispatch({type: REGISTER_FAILED_EXISTED});
        else
          this.store$.dispatch({type: REGISTER, payload: {
            user: toAddUser,
            hasError: false,
            errMsg: null,
            redirectUrl: null
```

```
          }});
        });
    }
    loginWithCredentials(username: string, password: string): void {
      this.userService
          .findUser(username)
          .subscribe(user => {
            if (null === user){
              this.store$.dispatch({type: LOGIN_FAILED_NOT_EXISTED});
            }
            else if(password !== user.password) {
              this.store$.dispatch({type: LOGIN_FAILED_NOT_MATCH});
            }
            else{
              this.store$.dispatch({type: LOGIN, payload: {
                user: user,
                hasError: false,
                errMsg: null,
                redirectUrl: null
              }});
              this.router.navigate(['todo']);
            }
          });
    }
}
```

路由守卫 AuthGuardService 中也就不需要依赖 AuthService 了，因为我们可以直接访问 Store 来获取鉴权的最新状态：

```
import { Injectable, Inject } from '@angular/core';
import {
  CanActivate,
  CanLoad,
  Router,
  Route,
  ActivatedRouteSnapshot,
  RouterStateSnapshot }    from '@angular/router';
import { Observable } from 'rxjs/Observable';
import 'rxjs/add/operator/map';
import { AuthService } from './auth.service';
import { Store } from '@ngrx/store';
import { AppState } from '../domain/state';

@Injectable()
export class AuthGuardService implements CanActivate, CanLoad {
```

```
constructor(
  private router: Router,
  private store$: Store<AppState>) { }

canActivate(
  route: ActivatedRouteSnapshot,
  state: RouterStateSnapshot
  ): Observable<boolean> {
  let url: string = state.url;
  return this.store$.select(appState => appState.auth)
    .map(auth => !auth.hasError);
}
canLoad(route: Route): Observable<boolean> {
  let url = '/${route.path}';
  return this.store$.select(appState => appState.auth)
    .map(auth => !auth.hasError);
}
}
```

除去这两处比较大的改造之外，LoginComponent 和 AppComponent 的组件和模板都需要一些小调整，具体的调整可以参考本章末的代码链接。

下面我们重点再说一下由于鉴权更改后 TodoService 的调整。我们做的是一个多用户版本的 Todo，所以需要用户 Id 来获取和新增 Todo。原来的处理方式是引入 AuthService，然后在构造函数中通过 Rx 的订阅获取到用户 Id。

但这种做法理论上会有隐患，比如存在这种可能性：如果操作的足够快的话，我们是可能在 userId 获取到之前进行 Todo 的增删改查操作的，而这样会引起程序异常：

```
import { Injectable, Inject } from '@angular/core';
import { Http, Headers } from '@angular/http';
import { UUID } from 'angular2-uuid';

import { Observable } from 'rxjs/Observable';
import { Store } from '@ngrx/store';
import { Router } from '@angular/router';
import { AppState, Todo, Auth } from '../domain/state';
import {
  ADD_TODO,
  TOGGLE_TODO,
  REMOVE_TODO,
  TOGGLE_ALL,
  CLEAR_COMPLETED,
  FETCH_FROM_API
```

```
} from '../actions/todo.action'

@Injectable()
export class TodoService {

  private api_url = 'http://localhost:3000/todos';
  private headers = new Headers({'Content-Type': 'application/json'});
  private auth$: Observable<number>;

  constructor(
    private http: Http,
    private router: Router,
    private store$: Store<AppState>
    ) {
    this.auth$ = this.store$.select(appState => appState.auth)
      .filter(auth => auth.user !== null)
      .map(auth => auth.user.id);
  }

  // POST /todos
  addTodo(desc:string): void{
    this.auth$.flatMap(userId => {
      let todoToAdd = {
        id: UUID.UUID(),
        desc: desc,
        completed: false,
        userId: userId
      };
      return this.http
        .post(this.api_url, JSON.stringify(todoToAdd), {headers: this.headers})
        .map(res => res.json() as Todo);
    }).subscribe(todo => {
        this.store$.dispatch({type: ADD_TODO, payload: todo});
      });
  }
  ...
  // GET /todos
  getTodos(): Observable<Todo[]> {
    return this.auth$
      .flatMap(userId => this.http.get('${this.api_url}?userId=${userId}'))
      .map(res => res.json() as Todo[]);
  }
  ...
}
```

我们略去了未做改动的部分，实际做的改造是先去掉了 AuthService 的依赖，改成使用 Redux Store，而且我们把这个 Redux Store 和新增以及获取 Todo 的两个方法串了起来，这样我们可以严格确保 UserId 取到值后再进行相关操作（参见图 9.11）。

图 9.11　添加了 auth 状态后，在 Redux DevTools 中可以看到

9.4　小练习

这一章的小练习不算小，因为我们已经掌握了这么多强大功能，不用一下，心也是痒痒的。

1. 给每个人做一个"个人中心"页面吧，点击右上角的用户名即可进入。用户可以编辑自己的个人信息，包括昵称、姓名、性别、头像、电话等。当然要做这个可能也要改动注册页面。
2. 把轮换登录页图片的功能再完善一下，把取到的图片存在本地存储中，然后用动画 FlyIn 或其他动画形式来做切换的过渡效果。
3. 我们现在的状态都是在内存中的，也就是我们关闭网页后，这个状态就没有了。可否让状态每次都可以保存在本地存储，下次进入时可以继续上次离开时的状态？

9.5　小结

我们再来回顾和总结一下这章学习的 Redux：

- Redux 的主要特点是状态中心化管理，使得 Service 和组件更多地做自己应该做的事情。

- @ngrx/store 是通过 Observable 实现的 Redux，这可以让我们利用 Angular 2 的 RxJS 支持，包括模板的 Async 管道更简单地使用 Redux。
- 避免使用可变对象才能确保状态的可维护性。
- Reducer 是纯函数，不要做超出返回新状态之外的事情。
- 一个 Store 基本上是一个 key-value 对的集合，再加上一些机制去处理事件。
- 订阅数据使用 store.select。

我们的 Angular 学习之旅从零开始到现在，完整地搭建了一个小应用。相信大家现在应该对 Angular 2 有一个大概的认识了，而且也可以参与到正式的开发项目中去了。但 Angular 2 作为一个完整框架，有很多细节我们是没有提到的，大家可以到官方文档 https://angular.cn/ 去查找和学习。

> 本章代码：https://github.com/wpcfan/awesome-tutorials/tree/chapter09
>
> 打开命令行工具使用 git clone https://github.com/wpcfan/awesome-tutorials 下载。然后键入 git checkout chapter09 切换到本章代码。

推荐阅读

Android学习路线图："深入理解"系列

推 荐 阅 读

iOS开发学习路线图

推荐阅读